U0336831

张清照 沈明荣 著

岩体结构面剪切蠕变特性研究

Study on the Shear Creep Characteristics of Rock Mass Discontinuity

内 容 提 要

本书是有关岩体结构面研究的著作，共6章内容，主要阐述了岩体结构规则齿形结构面的强度特性、剪切特性、变形特性、剪切蠕变特性以及软弱结构面的剪切蠕变特性等方面的研究，主要采用了现场原位测试实验和室内实验室逐级加载的试验方法进行研究的，建立了相关的模拟计算模型，并对规则齿形结构面的力学特性和剪切蠕变特性进行了数值模拟。

本书适合地质工程、岩土工程、工程力学及相关专业的专业人士作为参考资料，也可供对此有兴趣的人士参考。

图书在版编目(CIP)数据

岩体结构面剪切蠕变特性研究 / 张清照，沈明荣著.
—上海：同济大学出版社，2018.9
(同济博士论丛/伍江总主编)
ISBN 978-7-5608-6798-4

Ⅰ. ①岩… Ⅱ. ①张… ②沈… Ⅲ. ①岩体结构面—剪切蠕变—研究 Ⅳ. ①TU454

中国版本图书馆CIP数据核字(2017)第058152号

岩体结构面剪切蠕变特性研究

张清照　沈明荣　著

出 品 人　华春荣　　责任编辑　马继兰　胡晗欣
责任校对　徐春莲　　封面设计　陈益平

出版发行　同济大学出版社　　www.tongjipress.com.cn
（地址：上海市四平路1239号　邮编：200092　电话：021-65985622）
经　　销　全国各地新华书店
排版制作　南京展望文化发展有限公司
印　　刷　浙江广育爱多印务有限公司
开　　本　787 mm×1092 mm　1/16
印　　张　12
字　　数　240 000
版　　次　2018年9月第1版　2018年9月第1次印刷
书　　号　ISBN 978-7-5608-6798-4

定　　价　58.00元

“同济博士论丛”编写领导小组

“同济博士论丛”编辑委员会

总序

在同济大学110周年华诞之际，喜闻“同济博士论丛”将正式出版发行，倍感欣慰。记得在100周年校庆时，我曾以《百年同济，大学对社会的承诺》为题作了演讲，如今看到付梓的“同济博士论丛”，我想这就是大学对社会承诺的一种体现。这110部学术著作不仅包含了同济大学近10年100多位优秀博士研究生的学术科研成果，也展现了同济大学围绕国家战略开展学科建设、发展自我特色，向建设世界一流大学的目标迈出的坚实步伐。

坐落于东海之滨的同济大学，历经110年历史风云，承古续今、汇聚东西，秉持“与祖国同行、以科教济世”的理念，发扬自强不息、追求卓越的精神，在复兴中华的征程中同舟共济、砥砺前行，谱写了一幅幅辉煌壮美的篇章。创校至今，同济大学培养了数十万工作在祖国各条战线上的人才，包括人们常提到的贝时璋、李国豪、裘法祖、吴孟超等一批著名教授。正是这些专家学者培养了一代又一代的博士研究生，薪火相传，将同济大学的科学研究和学科建设一步步推向高峰。

大学有其社会责任，她的社会责任就是融入国家的创新体系之中，成为国家创新战略的实践者。党的十八大以来，以习近平同志为核心的党中央高度重视科技创新，对实施创新驱动发展战略作出一系列重大决策部署。党的十八届五中全会把创新发展作为五大发展理念之首，强调创新是引领发展的第一动力，要求充分发挥科技创新在全面创新中的引领作用。要把创新驱动发展作为国家的优先战略，以科技创新为核心带动全面创新，以体制机制改革激发创新活力，以高效率的创新体系支撑高水平的创新型国家建设。作为人才培养和科技创新的重要平台，大学是国家创新体系的重要组成部分。同济大学理当围绕国家战略目标的实现，作出更大的贡献。

大学的根本任务是培养人才，同济大学走出了一条特色鲜明的道路。无论是本科教育、研究生教育，还是这些年摸索总结出的导师制、人才培养特区，“卓越人才培养”的做法取得了很好的成绩。聚焦创新驱动转型发展战略，同济大学推进科研管理体系改革和重大科研基地平台建设。以贯穿人才培养全过程的一流创新创业教育助力创新驱动发展战略，实现创新创业教育的全覆盖，培养具有一流创新力、组织力和行动力的卓越人才。“同济博士论丛”的出版不仅是对同济大学人才培养成果的集中展示，更将进一步推动同济大学围绕国家战略开展学科建设、发展自我特色、明确大学定位、培养创新人才。

面对新形势、新任务、新挑战，我们必须增强忧患意识，扎根中国大地，朝着建设世界一流大学的目标，深化改革，勠力前行！

万　钢

2017 年 5 月

论丛前言

承古续今，汇聚东西，百年同济秉持"与祖国同行、以科教济世"的理念，注重人才培养、科学研究、社会服务、文化传承创新和国际合作交流，自强不息，追求卓越。特别是近20年来，同济大学坚持把论文写在祖国的大地上，各学科都培养了一大批博士优秀人才，发表了数以千计的学术研究论文。这些论文不但反映了同济大学培养人才能力和学术研究的水平，而且也促进了学科的发展和国家的建设。多年来，我一直希望能有机会将我们同济大学的优秀博士论文集中整理，分类出版，让更多的读者获得分享。值此同济大学110周年校庆之际，在学校的支持下，"同济博士论丛"得以顺利出版。

"同济博士论丛"的出版组织工作启动于2016年9月，计划在同济大学110周年校庆之际出版110部同济大学的优秀博士论文。我们在数千篇博士论文中，聚焦于2005—2016年十多年间的优秀博士学位论文430余篇，经各院系征询，导师和博士积极响应并同意，遴选出近170篇，涵盖了同济的大部分学科：土木工程、城乡规划学(含建筑、风景园林)、海洋科学、交通运输工程、车辆工程、环境科学与工程、数学、材料工程、测绘科学与工程、机械工程、计算机科学与技术、医学、工程管理、哲学等。作为"同济博士论丛"出版工程的开端，在校庆之际首批集中出版110余部，其余也将陆续出版。

博士学位论文是反映博士研究生培养质量的重要方面。同济大学一直将立德树人作为根本任务，把培养高素质人才摆在首位，认真探索全面提高博士研究生质量的有效途径和机制。因此，"同济博士论丛"的出版集中展示同济大学博士研究生培养与科研成果，体现对同济大学学术文化的传承。

“同济博士论丛”作为重要的科研文献资源，系统、全面、具体地反映了同济大学各学科专业前沿领域的科研成果和发展状况。它的出版是扩大传播同济科研成果和学术影响力的重要途径。博士论文的研究对象中不少是“国家自然科学基金”等科研基金资助的项目，具有明确的创新性和学术性，具有极高的学术价值，对我国的经济、文化、社会发展具有一定的理论和实践指导意义。

“同济博士论丛”的出版，将会调动同济广大科研人员的积极性，促进多学科学术交流、加速人才的发掘和人才的成长，有助于提高同济在国内外的竞争力，为实现同济大学扎根中国大地，建设世界一流大学的目标愿景做好基础性工作。

虽然同济已经发展成为一所特色鲜明、具有国际影响力的综合性、研究型大学，但与世界一流大学之间仍然存在着一定差距。“同济博士论丛”所反映的学术水平需要不断提高，同时在很短的时间内编辑出版110余部著作，必然存在一些不足之处，恳请广大学者，特别是有关专家提出批评，为提高同济人才培养质量和同济的学科建设提供宝贵意见。

最后感谢研究生院、出版社以及各院系的协作与支持。希望“同济博士论丛”能持续出版，并借助新媒体以电子书、知识库等多种方式呈现，以期成为展现同济学术成果、服务社会的一个可持续的出版品牌。为继续扎根中国大地，培育卓越英才，建设世界一流大学服务。

伍　江

2017年5月

前言

结构面是岩体的基本组成部分，结构面的存在是造成岩体工程性质不连续、各向异性和不均一的根源，结构面的发育程度极大地影响工程岩体的稳定性，工程岩体的稳定主要取决于岩体中结构面的发育程度及其力学特性。鉴于此，本文依托国家自然科学基金重点资助项目和高等学校博士学科点专项科研基金，通过对岩体结构面剪切试验的研究，利用剪切位移曲线及扩容曲线，深入系统地认识结构面的瞬时力学特性和变形破坏规律；通过对岩体结构面剪切蠕变试验的研究，分析归纳应力水平、结构面的粗糙度、结构面发育程度等因素对结构面蠕变特性的影响及其变化规律。主要研究内容如下：

(1) 通过规则齿形结构面在不同法向应力下的剪切试验，对其力学特性进行了基础性研究，阐述了规则齿形结构面在剪切条件下力学特性的主要特征，以及其强度、变形等力学特性的主要规律；对结构面综合抗剪强度参数在剪切条件下的变化规律进行研究，建立评价结构面剪切强度的经验公式，同时探讨了结构面在剪切力作用下的剪切变形曲线以及不同粗糙度结构面的剪切变形特性，在此基础上提出结构面剪切变形特性的经验本构关系，最后还对结构面在剪切条件下的扩容特性进行分析。

(2) 通过规则齿形结构面在不同法向应力下的剪切蠕变试验，对硬性结构面的蠕变特性进行基础性研究，通过大量结构面的剪切蠕变室内试验，研究不同角度结构面的剪切蠕变特性，分析不同角度结构面蠕变过程中的蠕变速率特性，建立了描述岩体结构面流变特性的改进 Burgers 模型，并对改进 Burgers 模型进行了讨论，得出岩体结构面本构关系的一般规律性。

(3) 通过含绿片岩软弱结构面的大理岩试件的剪切蠕变室内试验，研究了不同应力条件下软弱结构面的剪切蠕变特性，分析了结构面蠕变过程中的蠕变速率特性，建立非线性剪切流变本构模型，并对结构面的长期强度特性进行了研究。研究结果表明软弱结构面剪切蠕变的破坏特征与结构面的发育程度有密切关系，结构面的蠕变并不是一个线形函数，在衰减蠕变和加速蠕变阶段均表现出明显的非线性特征，曲线形态也比较复杂，可以认为结构面非线性剪切蠕变变形是时间的函数，提出一个非线性流变元件与西原模型串联起来，建立一个新的结构面非线性黏弹塑性剪切流变本构模型。利用两种方法确定绿片岩软弱结构面的长期强度，得到绿片岩软弱结构面长期抗剪强度值约为快剪强度的60%。

(4) 利用 FLAC3D 软件建立不同结构面角度的三维规则齿形结构面模型，进行不同应力水平条件下的结构面常规剪切试验，分析不同结构面角度和应力水平对结构面强度和变形特性的影响。结果表明，不同角度的结构面在剪切过程中齿尖都存在应力集中现象，角度越大，齿尖应力集中越明显，剪应力值也越大；同一角度结构面试样的法向应力与剪切应力之间基本符合线性关系，但结构面角度与剪切强度之间，随着结构面起伏角度的增大，剪切强度有非线性增长的趋势；在剪切试验过程中，试样的齿状突起物所发挥的作用并不相同。结构面的剪切曲线可以分为线形增长阶段、峰值阶段和峰后滑移阶段，不同角度结构面的剪切位移曲线非线性变化阶段有所不同。

(5) 利用 FLAC3D 软件建立不同结构面角度的三维规则齿形结构面模型，进行不同应力水平条件下的结构面剪切蠕变试验。试验结果表明，不同剪应力级别下,试样的齿状突起物所发挥的作用并不相同,随着剪应力级别的增大,发挥抵抗作用的齿状突起物逐渐减少,起到抗剪作用的突起物越来越少。对于相同角度的结构面试件,当法向应力水平高时,剪切蠕变变形大,剪切应力加载的级数明显增加;对不同角度的结构面,在相同的试验条件下,角度越大,剪切蠕变变形越小,结构面角度较大的试样剪应力加载的级数也更多。

目　录

第1章 绪论

1.1 研究背景与意义

结构面是岩体的基本组成部分，结构面的存在是造成岩体工程性质不连续、各向异性和不均一的根源，结构面的发育程度极大地影响工程岩体的稳定性，结构面的力学特性在一定程度上甚至控制着工程岩体的力学特性，决定着岩体失稳破坏的规模和类型。由此，结构面的力学特性已经成为岩体力学一个极为重要的基础理论研究课题，同时又成为岩体工程实践中必须解决的应用课题。对于结构面的力学特性而言，首当其冲的是结构面粗糙度对于力学特性影响这一关键的研究课题，只有系统、全面地建立粗糙度对力学特性影响的评价体系，才能正确地表述结构面的力学特性的规律，正确地表述岩体的力学特性。此外，随着我国在水利工程、深部开采、核废物的地质处置、能源的储存等对于工程安全和环境保护有着特殊要求建设项目的大规模开发，对于岩体稳定评价提出了必须考虑时间因素的影响。进行结构面的流变特性的研究无论是完善岩体力学的基础理论，还是将其成果应用于工程实践中的岩体稳定性评价都具有十分重要的理论意义和现实意义。

目前，我国高速发展的社会经济离不开工程建设的支持，迫切要求我们对地下空间开发走向深部。随着我国社会经济的高速发展，水利资源的大规模开发，铁路交通的迅速拓展和核电工业的兴起，与岩体相关的大规模工程日益增多，这些工程也呈现出大规模大埋深的特点。以雅砻江锦屏一级、二级及南水北调西线为代表的西部水利水电工程在高山峡谷和深部岩体中修建，具有超长、超埋深、超高地应力、超高外水压特点，如锦屏二级引水隧洞单洞长 16.6 km，一般埋深 1 500～2 000 m，最大埋深 2 525 m，实测最大地应力值 42.11 MPa，预计最大埋深处地应力达 70 MPa，最小主应力 26 MPa，最大外水压力 10.2 MPa。南水北调西线工程一期工程最长隧洞 73 km，隧洞埋深一般 300～500 m，最大埋深 1 150 m，隧洞围岩水平挤压应力可能高达 50 MPa 量级。工程所在的地区，地质构造复杂，高山峡谷遍布，结构面裂隙十分发育，对工程建设以及岩体力学的发展提出了新的挑战[1]。

一般认为，工程岩体稳定主要取决于岩体中结构面的发育程度及其力学特性，因此在各类岩体工程稳定性研究中，尤其是在岩坡稳定性分析中，岩体结构面抗剪强度是一项极为重要的力学参数。就目前对结构面力学特性研究的广度和深度来说，还远远不能满足岩体工程的需求，结构面力学特性中许多关键性的问题急待解决。例如：结构面蠕变的破坏机理，岩石的蠕变存在着瞬态蠕变、稳态蠕变和加速蠕变等，而结构面的蠕变只有瞬态蠕变、稳态蠕变 2 个阶段，并不存在加速蠕变阶段；如何建立能够反映结构面力学性质的蠕变本构方程，如在本构方程中引进结构面的力学参数，引进结构面的粗糙度特性等；如何研究结构面在剪切过程中随着时间的增长的扩容特性以及扩容特性的时间效应等，这些问题的解决对于全面掌握结构面的力学特性，建立比较系统的结构面的流变理论，并将其成果应用于岩体工程的长期稳定性评价是非常必要的。因此，对结构面流变特性进行研究，从结构面流变过程中的强度和变形的变化，包括受力后结构面的极限应力和位移随时间的变化以及结构面的粗糙度、结构面中薄层充填物等对结构面的流变特性的影响等基础问题展开深入的研究，具有非常现实的理论意义和实践意义。此外，岩体结构面的长期强度特性研究对解决岩体工程中的许多实际问题同样具有很重要的意义。近年来，随着岩土工程和采矿工程的发展，人们对岩石流变破坏以及相关工程结构的延迟失效日益关注，对此的研究不断深入，取得了许多有意义的成果，但目前国内外关于岩体长期强度的研究并不多见，关于结构面长期强度的研究更为少见，将岩体长期强度的试验结果应用于工程稳定性评价中，这将成为岩体稳定评价的必然趋势。因此，研究岩体结构面的流变特性，找出合理确定结构面长期强度的方法，并将长期强度指标应用到实际工程中具有重要的实际意义。

鉴于此，本书依托国家自然科学基金委员会、二滩水电开发有限责任公司雅砻江水电开发联合研究基金重点资助项目《深部岩体工程特性的理论与实验研究》以及高等学校博士学科点专项科研基金项目，通过对岩体结构面剪切试验的研究，利用剪切位移曲线及扩容曲线，深入系统地认识结构面的瞬时力学特性和变形破坏规律，研究结构面粗糙度对力学特性的影响；通过对岩体结构面剪切蠕变试验的研究，分析归纳应力水平、结构面的粗糙度、结构面发育程度等因素对结构面蠕变特性的影响及其变化规律，探讨表现这些规律的结构面本构方程，并进行结构面的数值模拟试验，更深入地探讨结构面的力学特性。

1.2 岩体结构面力学特性研究进展

近几十年来，国内外众多学者对于岩体结构面力学性质的研究始终没有间断过，目前对结构面力学特性的研究主要集中在结构面表面的形态特征、强度理论、变形特性等几个方面。

岩体的结构面表面形态特征对结构面的强度和变形有重要影响，合理的表面形态特征参数确定对于研究结构面的力学性质及建立形态特征参数与力学参数之间的定量关系具有重要的意义[2-6]。目前关于结构面粗糙度的研究不少，但富有创造性系统性的理论成果却是少见。Patton 在 1966 年提出的结构面抗剪强度模型中首次考虑了起伏角对结构面抗剪强度的影响[7]。Rengers 在卡尔鲁大学岩石力学系时最早尝试把天然岩石结构面表面粗糙度量测结果与大比例摩擦模型实验结合起来[8]，Barton 后来通过研究不同表面形态结构面的力学行为，提出了 JRC 的概念[9]。Barton 和 Choubey 给出了 10 种典型的剖面，JRC 值根据结构面的粗糙性在 0～20 间变化，平坦近平滑结构面为 5，平坦起伏结构面为 10，粗糙起伏结构面为 20[10]。结构面粗糙度是衡量结构面相对于平均面的粗糙和波动起伏程度的指标，基于 Barton 的研究，国际岩石力学学会后来又重新给出了 9 类粗糙度的典型剖面，在实际测量中参照典型剖面进行描述，并确定相应的 JRC 值范围[11]。Barton 提出的 JRC 实际上涉及了两个方面：一是与结构面的地质属性有关的粗糙度系数，二是与结构面的剪切变形特性有关的粗糙度系数。当结构面发生变形后，结构面的物质成分、结构构造特征的变化将导致结构面粗糙度系数的改变。陶振宇认为，结构面表面是由两种不同的起伏因素构成的，一种是较大的起伏不平，称为起伏度；另一种是起伏面较小的凹凸不同，称为粗糙度[12]。周创兵、谢和平、王建锋等研究了分数维 D 与 JRC 的关系[13-15]。杜时贵认为，结构面表面形态和 JRC 存在各质异性、各向异性和非均一性的特点[16-18]。由于确定结构面粗糙度的困难性，岩体力学领域大都采用野外采集的包含结构面的样品，基于室内外所进行中小型试验，并利用 Mohr -

Coulomb 准则以确定岩体结构面抗剪强度。然而 Mohr－Coulomb 准则未考虑结构面起伏效应，无法将起伏角产生的附加效应和结构面的摩擦效应加以区别，进而由此所确定的结构面抗剪强度，在实际工程中的应用将产生一定的误差。E. Hoek 等曾指出，"质量很差的抗剪试验甚至比完全没有抗剪试验还要坏，因为这种试验是极其误人的，会使边坡设计发生严重错误"[15]。这里所指的"质量很差的抗剪试验"主要是由于没有考虑结构面粗糙度或其确定不准确所造成的，因此，可以看出研究结构面粗糙度的意义之所在。

结构面最重要的力学性质之一是抗剪强度。构成结构面抗剪强度的因素是多方面的，早期 Patton 通过研究自然界中大量的岩质边坡的滑移和剪切破坏，总结出了一些影响结构面破坏的重要参数[7]。其他研究者如 Schneider，Jaeger，Landanyi 等在结构面的抗剪强度方面也都做了大量的工作[19-32]。关于结构面强度特性的研究，最有代表性的是结构面的三大强度公式，即 Patton 公式、Barton 公式和 Ladanyi 公式，绝大多数后续的研究都是以这三大强度公式为基础而展开的，并获得了较为理想的结果。在结构面的强度计算中，Patton 强度公式和 Ladanyi 强度公式将起伏不平的结构面表面形态简化成具有相同角度的规则齿形，在此基础上分析结构面的强度特性，由于这些方法概念清晰，已被岩石力学界的工程技术人员所公认[33]。Jaeger 的实验表明，当第一次进行结构面的剪切实验时，试样具有很高的抗剪强度，沿同一方向重复进行到第 7 次剪切实验时，试样还保留峰值强度和残余强度的区别，当进行到第 15 次时，已看不出明显的峰值和残余值，说明在重复剪切过程中结构面上凸台被剪断、磨损，岩粒、碎屑的产生与迁移，使结构面的抗剪力学行为逐渐由凸台粗糙度和起伏度控制转化为由结构面上碎屑的力学性质所控制。20 世纪 60 年代，Patton 用模型试验证实了具规则突起的岩体结构面强度准则，但是实际结构面大多数凹凸不平，起伏角变化较大而不是一个常数，且研究表明 Patton 起伏角在不同正应力下所产生的不同破坏机理，与结构面实际状态有一定的距离。之后，Barton 又根据试验提出了一个新的不规则岩体结构面抗剪强度经验公式，即 JRC－JCS 模型。JRC 的量测则是较复杂的和困难的，这是因为结构面粗糙起伏特征千变万化，难以用简单数学关系式准确表达[34]。天然的结构面在形成的过程中及形成后，大都经历过位移变形，结构面的抗剪强度与变形历史有着密切的关系，没有变形历史的结构面的抗剪强度明显高于受过剪切作用的抗剪强度[35-36]。

相对结构面的强度特性研究而言，结构面的变形特性的研究不如结构面强度特性的研究那样全面和深入，但国内外众多学者对于岩体结构面变形特性的研究也一直都没有间断过[37-41]。目前在岩石结构面剪切试验中采用的应力路径主要有两种：一种是恒定法向应力分级增加剪切应力的常规结构面剪切试验，以研究结构面剪切变形特性；另一种是采用的法向加载或法向循环加卸载的方式进行试验来研究结构面法向闭合特性。国内外已有许多人进行了不同岩性结构面的闭合试验，所得到的结构面闭合试验曲线的形状基本相同[42]，闭合曲线均具有高度的非线性特征。Goodman[43]把闭合曲线的大部分非线性归结于接触微凸体的非线性压碎和张裂，且认为结构面的卸载曲线基本上遵循着和完整岩石相同的曲线。夏才初[2-6]开展了结构面表面形态的数学描述及其对结构面闭合变形性质进行了研究，针对花岗岩、板岩和石英二长岩的闭合试验结果，认为其非线性变形的大部分变形是可恢复的。另外，Goodman 采用双曲线函数、Bandis 等[19]和 Barton 等[44]用改进的双曲线函数、Shehata[45]用半对数函数、Sun[46]用幂函数、Malama[47]用指数函数等对结构面的法向闭合变形性质进行了描述。赵坚[48]认为天然结构面在漫长的地质历史中一般都经历了多次变形，因而采用双曲线弹性模型是合理的，即认为结构面法向卸载曲线与加载曲线具有相同的本构关系；Jing[49]假定卸载阶段的应力-位移为线性关系，且沿加载曲线的切线方向线性卸载；重新加载时仍采用双曲线函数。一般来说，在法向应力恒定的剪切过程中，切向位移也相应产生法向位移，结构面出现不可忽略的剪胀现象；随着加载次数的增加，结构面凸起不断磨损，从而剪胀曲线逐渐趋于一条稳定曲线，因此，对于结构面变形的研究中剪胀和磨损是必须考虑的两种物理特性。尹显俊、王光纶等[50]在研究已有结构面剪切循环加载的力学试验和数值模型的基础上建立了新的本构模型，并在本构中考虑了磨损对于结构面的摩擦和剪胀特性的影响，在物理意义上反映了切向循环加载的特性；杜守继等[41]通过人工岩体结构面剪切试验分析了结构面剪切变形特性以及与变形历史的依存关系，分析认为在经历不同剪切变形历史后，粗糙结构面变得越来越光滑，粗糙特性呈下降趋势，不同的剪切位移主要影响结构面的抗剪切强度，对剪胀特性影响较小。

1.3 岩体流变特性试验与理论研究进展

岩体作为一种复杂的地质体，流变特性是其重要的力学特性之一，特别是深部岩体的流变特性尤为重要。岩体的流变现象更是随处可见：公路铁路隧道开挖数十年后出现蠕变断裂，岩石边坡中的软弱结构面、泥化夹层、断层破碎带由于长期蠕变变形而滑动破坏等。岩石作为自然形成的一种复杂材料，是非均质、不连续、各向异性的流变介质，在长期荷载的作用下，工程岩体的应力应变状态、变形破坏特征均随时间而不断发生变化，即具有显著的时间效应。岩石蠕变的研究始于 20 世纪初，Adams F D 和 Nicolson T T[51]最早于 1901 年进行大理岩的抗压蠕变试验；Griggs[52]通过使用梁式试件对石灰岩、页岩、云母以及简单晶体在室温条件下进行了蠕变试验研究，采用对数经验公式来描述岩石流变的本构关系，并且认为砂岩和粉砂岩等类岩石中当荷载达到破坏荷载的 12.5%～80%就会产生蠕变。在此后的几十年里，很多研究者相继从各个方面进行了岩石流变特性试验研究。我国对岩石蠕变进行研究始于 1958 年，陈宗基是最早进行现场岩石蠕变试验者之一，他当时指导了三峡平峒围岩的蠕变试验研究，提出了岩石的蠕变特性，并认为被普遍采用的普氏理论不合理。此后，根据对长江葛洲坝工程地基的泥化夹层的研究提出了确定长期稳定强度的本构方程。

目前大多数试验设备不能提供长时间稳定围压，同时考虑到隧洞开挖后围岩径向应力释放、三向应力减弱的情况，室内试验多采取单轴设备进行岩石蠕变试验，岩石单轴流变是指岩体在轴向压缩状态下表现出来的变形随时间增长而变化的力学性质。国内外学者作了大量岩石单轴流变试验的研究，Okubo[53]等在自行研制的具有伺服控制系统的刚性试验机上完成了大理岩、砂岩、安山岩、凝灰岩和花岗岩的单轴压缩曲线的全过程测试，获得了岩石加速蠕变阶段完整的应变-时间关系曲线；李永盛等[54-55]采用伺服刚性机对粉砂岩、大理岩、红砂岩和泥岩 4 种不同岩性的岩石进行了单轴压缩条件下的蠕变和松弛试验，指出在恒定的应力作用下，岩石材料一般都出现蠕变速率减小、稳定和增大三个阶段，但各阶段出现与否及其延续时间，与岩性和应力水平有关；杨建辉[56]，描述了砂岩单轴受压蠕变试验中纵横向变形的发展规律，并结合有关岩石松弛试验中横向变形的发展规律，指出岩石内部裂纹的发展是横向变形独立发展的原因；徐平等[57]对三峡花岗岩进行了单轴蠕变试验，认为三峡花岗岩存在一个应力门槛值 σ_s，当应力水平低于 σ_s 时，采用广义 Kelvin 模型来描述三峡花岗岩的蠕变特性；当应力水平高于 σ_s 时，采用西原模型描述，并给出了相应的蠕变参数；王贵君等[58]对硅藻岩进行了单轴压缩蠕变试验，结果表明硅藻岩蠕变变形很大，长期强度与瞬时强度相比很小；许宏发[59]通过对某泥质板岩进行单轴压缩蠕变试验，讨论了软岩强度和弹性模量的时间效应，指出软岩的弹模随时间的延长而降低，与强度的变化规律具有相似性；金丰年[60]通过对三城目安山岩进行单轴拉伸、单轴压缩、载荷速度效率和蠕变试验研究，指出单轴压缩蠕变寿命随蠕变应力水平的提高而缩短；张学忠[61]对攀钢朱矿东山投边坡辉常岩进行了单轴压缩蠕变试验研究，拟合出蠕变试验公式，并提出了蠕变理论模型及确定了岩石的蠕变参数和长期强度。王金星[62]通过对花岗岩进行单轴拉伸和单轴压缩蠕变试验，研究了各向异性对岩石蠕变变形及其速率的影响关系，探讨了蠕变应力及变形与蠕变寿命之间的关系；朱定华等[63]对南京红层软岩进行了单轴压缩蠕变试验，发现红层软岩存在显著的流变性，符合 Burgers 模型，并得到了软岩的流变参数，同时指出红层软岩的长期强度约为其单轴抗压强度的 63%～70%；赵永辉等[64]对润扬长江大桥北锚基础的弱风化或微风化花岗岩进行了单轴压缩蠕变试验，并采用广义 Kelvin 模型进行了参数拟合分析，获得了岩石黏滞系数等流变力学参数；李化敏等[65]采用单调连续加载和分级加载方式，对河南南阳南召大理岩进行了单轴压缩蠕变试验，试验结果表明，大理岩虽然属于坚硬岩石，但在持续高应力作用下仍出现较强的时间效应，产生较大的蠕变变形，蠕变强度与瞬时强度之比为 0.9 左右；丁秀丽等[66]利用长江科学院岩基所研制的 CYL 系列岩石流变仪，对马崖高边坡的页岩(软岩)、炭质泥灰岩(较软岩)、灰岩(较硬岩)进行了室内单轴压缩蠕变试验，研究了不同类型软、硬岩石的蠕变破坏特征，并建立了岩石的流变本构模型；范庆忠等[67-68]以山东东部的红砂岩为例，在分级加载条件下对岩石的蠕变特性进行了单轴压缩蠕变试验，观察和分析了蠕变条件下岩石的弹性模量和泊松比的变化效应；宋飞等[69]，对仁义河特大南桥台边坡的石膏角砾岩进行了浸水单轴和三轴压缩蠕变试验，试验结果表明，在一定的应力水平下，石膏角砾岩具有非线性及加速蠕变特性；袁海平等[70-71]采用分级增量循环加卸载方式，对某矿区软弱复杂矿岩进行了单轴压缩蠕变试验，得出软弱复杂矿岩黏弹塑性特性的基本规律；崔希海等[72-73]利用重力驱动偏心轮式杠杆扩力加载式流变仪，对红砂岩进行了单轴压缩蠕变试验，重点观察和分析了岩石横向蠕变规律和轴向蠕变规律的差异；赵延林等[74]采用分级增量循环加卸载和单级加载方式，对金川有色金属公司Ⅲ矿区二辉橄榄岩试样进行单轴弹粘塑性流变试验，研究了该类岩石各蠕变阶段非线性粘弹塑性变形特性。

自 1976 年国际上有了首台岩石三轴流变试验专用设备后，国内外学者才真正开展了多轴应力作用下的岩石流变特性研究，并取得了一些成果。Fujii[75]对 Inada 花岗岩和 Kamisunagawa 砂岩进行了三轴蠕变试验，分析了轴向应变、横向应变和体积应变三种蠕变曲线，指出环向应变可以用来作为蠕变试验和常应变速率试验中的判断岩石损伤的指针；Maranini[76]对 Pietra Leccese 石灰岩进行了单轴压缩和三轴压缩蠕变试验，研究表明蠕变的变形机理主要为低围压下裂隙扩展和高应力下孔隙塌陷；李晓[77]采用加载-稳压伺服控制方式对泥岩峰后区进行了三轴压缩蠕变试验，首次得到了泥岩试件的峰后蠕变特性曲线，研究结果表明岩石峰后蠕变曲线由等速稳态蠕变和加速蠕变两阶段组成，且属于不稳定蠕变类型，蠕变速率比峰前的蠕变速率高 2～3 个数量级；林宏动[78]采用 MTS 刚性压力机对木山层砂岩进行了短期和长期蠕变试验，并使用 Burgers 模型对长、短期流变试验结果进行参数回归，探讨 Burgers 模型参数与应力比、含水量之间的关系；彭苏萍[79]以显德汪矿主输送大巷为研究对象，针对“三软”煤层巷道围岩大变形、难支护的具体情况，进行了泥岩的三轴压缩流变试验，并采用西原模型获取了泥岩的流变参数，为软岩巷道支护设计提供了科学的依据；赵法锁[80-81]对仁义河特大南桥台边坡的石膏角砾岩进行了单轴和三轴蠕变试验，提出应注意水和结构对岩石流变力学特性的影响，同时对破坏后的岩样进行了电子显微镜扫描分析，从微观角度分析了石膏角砾岩的流变破坏机理；刘绘新[82]利用可加温加压的三轴蠕变试验装置，对深部盐岩进行了常规三轴蠕变试验，分析了温度和围压对盐岩蠕变特性的影响关系，指出围压越大变形率越小，进入稳态蠕变和加速蠕变的时间越迟，第二阶段越明显，越不容易进入加速蠕变阶段，而温度越高，进入稳定蠕变和加速蠕变的时间越早，岩石的长期强度越低，越易进入加速蠕变阶段；陈渠等[83]在不同应力比以及不同围压条件下，系统地对多种沉积软岩进行了长期三轴蠕变压缩试验研究，分析了多种沉积软岩在不同条件下的强度和应力应变特性，探讨了各种软岩的应力应变、应变速率、时间相关性等影响因素，为预测软弱岩体的长期强度及稳定性提供了重要依据；万玲[84]利用自行研制的岩石三轴蠕变仪对泥岩进行了三轴压缩蠕变试验，并利用非经典粘塑性损伤本构模型对泥岩的蠕变现象进行了分析计算；张向东等[85]利用自行研制的重力杠杆式岩石蠕变试验机，配备三轴压力室，对泥岩进行了三轴压缩蠕变试验，并建立了泥岩的非线性蠕变方程；刘建聪等[86]利用 XTR01 型微机控制电液伺服试验机，采用梯级加载法对煤岩进行了三轴压缩蠕变试验，利用西原模型探讨了与时间有关的煤岩三维蠕变本构方程；朱珍德等[87]利用 MTS 815.03 电液压司服控制刚性试验机，对锦屏二级水电站引水隧道的大理岩分别进行了高水压、高围压、低围压作用下全应力-应变过程三轴压缩对比试验；徐卫亚等[88]利用岩石全自动流变伺服仪对锦屏一级水电站坝基绿片岩进行了三轴压缩蠕变试验，结果表明围压对流变变形存在很大的影响，围压越大，相应的轴向流变变形量越小；冒海军等[89]利用 XRT01 型高温高压三轴流变仪，对南水北调西线工程中的板岩进行了不同围压与轴压下的三轴压缩蠕变试验，结果表明板岩的三轴蠕变曲线与煤岩、花岗岩等蠕变曲线相似，存在衰减蠕变、稳态蠕变阶段，但板岩的蠕变变形不大；范庆忠等[90]利用重力加载式三轴流变仪，在低围压条件下对龙口矿区含油泥岩的蠕变特性进行三轴压缩蠕变试验，结果表明含油泥岩存在一个起始蠕变应力阀值，该阀值随围压的加大呈线性增加，蠕变破坏应力也大致与围压成比例关系；韩冰等[91]在分级加载条件下对某地花岗岩进行三轴压缩蠕变试验研究，试验结果表明，岩石变形从稳态蠕变进入加速蠕变阶段存在一个应力阀值；王志俭等[92]采用 RLM－2000 岩石三轴蠕变试验机对三峡库区万州红层砂岩进行了三轴压缩蠕变试验，通过分析蠕变应变率-时间关系，发现在蠕变加速阶段初期，蠕变应变率随时间近似线性增长，在蠕变加速阶段后期，蠕变应变随时间近似指数增长；赵宝云[93]对重庆市万盛区某深部隧道工程深部灰岩进行了三轴压缩蠕变试验，试验研究了不同围压不同偏压、相同偏压不同围压、不同偏压相同围压下三种岩样的蠕变特性。

岩体作为一种地质体，受不同成因、不同尺度的结构面所切割，结构面的力学性态往往控制着岩体变形与强度的时效性，是决定不连续岩体流变特征的关键。结构面试件取样困难、易受到扰动，且加工和试验难度较大，成本较高。一般情况下，岩体结构面的剪切蠕变试验中的样品的制作主要是由完整的岩石试件人工制作成节理试件。目前国内外学者开展了一些研究工作，取得了一些成果。多伦多大学的 Curran[94]、Bowden[95]发现，岩石不连续面的蠕变性质基本上与完整岩石的蠕变性质相似。刘家应[96]对黄崖不稳定边坡的蠕变特征进行了探讨，得到了黄崖不稳定边坡变形与时间的回归关系式；黎克日[97]对岩体中泥化夹层进行了流变试验研究，提出了其长期强度的确定方法；许东俊[98]根据现场和室内的剪切松弛以及扭转蠕变试验结果，指出了葛洲坝工程黏土质粉砂岩、砂岩、黏土岩软弱夹层均具有显著的流变特性，提出了确定岩石长期强度的方法；雷承弟[99]对二滩正长岩蚀变玄武岩进行了现场承压板压缩蠕变试验，拟合得到了蠕变经验公式；陈沅江等[100]对软岩结构面进行研究提出一种符合流变力学模型。徐平[7]对三峡工程岩体结构面进行了室内蠕变试验，提出了一种广义 Burgers 的模型。林伟平[101]对葛洲坝工程大坝基岩 202 号泥化夹层进行了剪切蠕变试验，得到了泥化夹层的蠕变长期强度；侯宏江[102]对两组不同爬坡角的结构面进行了剪切蠕变试验，总结了规则齿形硬性结构面的蠕变特性及其长期强度的确定方法；丁秀丽[103]针对三峡工程船闸区硬性结构面试样进行了剪切蠕变试验，分析了结构面在恒定荷载作用下的蠕变性态，提出了结构面的剪切蠕变方程；沈明荣[104]采用规则齿形结构面的水泥砂浆试件模拟天然岩体结构面，对规则齿形结构面剪切蠕变特性进行了深入的研究，分析了规则齿形结构面蠕变的基本规律。总体上来讲，目前在结构面蠕变试验研究方面，不仅数量不多，而且在研究的系统性上还缺乏一定的深度，因此，非常有必要在这些方面进行了更为深入和全面的研究。

1.4 岩体流变本构模型的研究进展

岩石流变模型的研究是岩石流变力学理论研究的重要组成部分，也是当前岩石力学研究中的难点和热点之一。近年来，随着一些新的理论和方法逐渐被采用，岩石流变模型理论也得到了一定程度的发展，主要有流变经验模型、元件模型、损伤断裂流变模型、内时流变模型以及黏弹塑性模型等。

岩石流变经验模型是指通过对岩石在特定条件下进行一系列流变试验，在获取流变试验数据后，利用试验曲线进行拟合，从而建立岩石流变经验模型。经验模型中主要有老化理论、遗传流变理论、流动理论和硬化理论等几种流变方程理论。按其形式分，目前岩石流变的经验公式主要有三种类型[105]：幂函数型，多用来反映初始蠕变阶段的性质；对数型，常用来反映加速蠕变阶段的性质；指数型，多用来描述等速蠕变阶段的性质。

(1) 幂函数型

其基本方程为

$$\varepsilon(t) = At^n \quad (0 < n < 1) \tag{1-1}$$

式中，A 与 n 是试验常数，其值取决于应力水平、材料特性以及温度条件。

(2) 对数型

Griggs[3]最早提出对数型经验蠕变方程，其基本方程为

$$\varepsilon(t) = \varepsilon_0 + B\log t + Dt \tag{1-2}$$

式中，ε_0 为瞬时弹性应变；B 和 D 则是与应力有关的常数。

(3) 指数型

其基本方程为

$$\varepsilon(t) = A[1 - \exp(f(t))] \tag{1-3}$$

式中，A 为试验常数；$f(t)$ 是时间的函数。

关于经验模型的研究成果已有很多，如 Okubo[53] 在试验基础上提出了一个反映岩石蠕变破坏全过程的非线性本构模型，该模型将应变 ε 分为弹性应变 ε_1 和非弹性应变 ε_2，弹性应变为 $\varepsilon_1 = \sigma/E$，非弹性应变速率 $\dot{\varepsilon}_2$ 为

$$\dot{\varepsilon}_2 = \sigma^n (C_1\varepsilon_2^{-m} + C_2 + C_3\varepsilon_2^l) \tag{1-4}$$

式中，E 为杨氏模量；C_1，C_2 和 C_3 为试验常数；n 为表示荷载效应的参数；m 和 l 是与应力-应变曲线和蠕变曲线形状有关的参数。

徐平[106,57]对三峡花岗岩进行了单轴蠕变试验，得到了三峡花岗岩的蠕变经验公式，指出三峡花岗岩存在一个门阈值 σ_s，当应力水平低于 σ_s 时，可采用广义 Kelvin 模型来描述三峡花岗岩的蠕变特性，但当应力水平高于 σ_s 时，需采用西原模型来描述三峡花岗岩的蠕变特性，并给出了相应的蠕变参数；吴立新[107]通过对煤岩进行流变试验研究发现，煤岩流变符合对数型经验公式，并以河北某矿区为例，求出了各级应力水平下煤岩对应的流变经验公式参数集；金丰年[108]采用文献[53]中的本构方程来描述拉应力作用下岩石的蠕变破坏特征；张学忠[61]基于辉长岩单轴压缩蠕变试验结果，拟合出蠕变曲线的经验公式；张向东[85]采用老化理论，并假设等时曲线相似，变形函数采用幂次函数关系，建立了泥岩的非线性蠕变方程。虽然经验模型与具体的试验吻合得较好，但它通常只能反映特定应力路径及状态下岩石的流变特性，难以反映岩石内部机理及特征。此外，经验模型只能描述岩石瞬时流变阶段以及稳态流变阶段，而无法描述加速流变阶段。

虽然经验模型与具体的试验吻合得较好，但它通常只能反映特定应力路径及状态下岩石的流变特性，难以反映岩石内部机理及特征。此外，经验模型只能描述岩石瞬时流变阶段以及稳态流变阶段，而无法描述加速流变阶段。元件组合模型的基本原理是按照岩石的弹性、塑性和黏滞性质设定一些基本元件，然后根据岩石具体的性质，将其组合成能基本反映岩石流变属性的本构模型，来模拟实际岩石的应力-应变关系，通过调整模型的参数和组合元件的数目，使模型的应力-应变曲线与试验曲线结果相一致。组合模型的流变本构方程是一种微分形式的本构关系，通过本构方程的求解就可得到蠕变方程、应力松弛方程等，其特点是概念直观、简单，物理意义明确，又能较全面地反映流变介质的各种流变学特性，如蠕变、应力松弛、弹性后效和滞后效应等。

元件组合模型是采用模型基本元件，包括虎克弹性体(H)、牛顿黏性体(N)和圣维南塑性体(S)进行组合来模拟岩石的流变力学行为。岩石流变元件模型中著名的有 Maxwell 模型、Kelvin 模型、Bingham 模型、Burgers 模型、理想黏塑性体、西原模型等，这些传统的线性流变元件模型无论怎么组合均不能反映岩石的加速蠕变阶段[109]，因此，最近几年有很多学者致力于非线性流变元件流变模型的研究。

以线性流变模型为基础，对其黏塑性体进行修正，用非线性牛顿体来代替黏塑性体中的线性牛顿体，可以提出新的非线性黏塑性体，并与线性黏弹性流变模型组合成新的非线性黏弹塑性流变模型。余启华[110]提出将西原模型中的塑性元件用一个扩裂元件来代替，扩裂元件在加速蠕变之前与塑性元件作用相同，在进入加速蠕变之后则反映加速蠕变特性，从而形成可描述流变全过程的模型；Boukharov[111]提出一种具有一定质量的延迟阻尼器元件，该元件有一应变门槛值，当应变大于该值时，模型发生加速运动；邓荣贵等[112]将 Bingham 体中的线性黏滞体改为非线性黏滞体，该非线性黏滞体所受应力与其蠕变加速度大小成正比，将改进后的 Bingham 体与村山体等模型组合得到可以反映加速蠕变的非线性黏弹塑性流变元件模型；曹树刚和边金等[113-115]对西原模型中的 Bingham 体进行了改进，改进的西原模型能较好地反映岩石的非衰减蠕变特性；韦立德等[116-117]根据岩石黏聚力在流变中的作用提出了一个新的 SO 非线性元件模型，建立了新的一维黏弹塑性本构模型；陈沅江等[118-119]提出了蠕变体和裂隙塑性体两种非线性元件，并将它们和描述衰减蠕变特性的开尔文体及描述瞬时弹性变形的虎克体相结合，建立了一种可描述软岩的新复合流变力学模型；王来贵等[120-121]则以曹树刚提出的改进西原模型为基础，利用全过程应力-应变曲线与蠕变方程中参数的对应关系，建立了参数非线性蠕变模型；徐卫亚等[122-123]提出了一个新的非线性黏塑性体，将该非线性黏塑性体与五元件线性黏弹性模型组合得到七元件非线性流变模型，当指数 n 大于 1 时，可以反映岩石的加速蠕变特性；宋飞等[124-125]提出 2 种非牛顿体黏滞元件，即 SN 元件和 SP 元件，SN 元件用来描述岩石的非线性蠕变，SP 元件用来描述岩石的加速蠕变，将这两种非线性黏滞元件和线性元件模型组合得到的复合流变模型；周家文等[126]定义能够反映衰减蠕变阶段和加速蠕变阶段的非线性函数，并用此函数对广义 Bingham 模型的蠕变方程进行修正，得到改进 Bingham 蠕变模型；张贵科等[127]在分析岩体变形特点和常用流变模型变形特性的基础上，提出与应力状态和时间相关的非线性黏滞体；陈晓斌等[128-129]提出了非线性黏塑性体(VPB)模型，并与 Burgers 模型串连形成一个新的非线性黏弹塑性流变模型；王琛等[130]基于文献[181]提出的胶结杆体，以及虎克弹性体、线性黏性体和非线性黏性体，提出一个非线性黏弹脆性元件模型；杨圣奇等[131]基于 Weibull 分布函数提出一个新的非线性流变元件(NRC 模型)，并将 NRC 模型与西原模型相串连，建立了一个新的岩石非线性流变模型；宋德彰[132-133]认为当采用广义 Bingham 模型分析围岩的蠕变变形时，Bingham 体中的黏滞系数随时间的推移逐渐减小，围岩的黏性变形会随时间的发展而增大，围岩内的黏塑性区也将随时间而加速扩展，即黏滞系数随时间衰减的现象反映了围岩在荷载作用下表现出了加速蠕变特征。非线性流变问题一般是指力学参数或流变模型参数与应力状态有关，此后逐渐有些学者开始考虑对 Bingham 体或者其他黏塑性体中的黏滞系数进行修正，使其转换为时间和应力的函数。赵延林等(2008)[74]基于幂律型蠕变方程，对 Bingham 体中的线性黏滞体进行了改进，并将改进的 Bingham 体和村山体、Hooke 体组合得到可以反映岩石加速蠕变的非线性弹黏塑性流变组合模型；黄书岭[134]基于 Bingham 体提出一个考虑应力状态影响的非定常牛顿体，将改进后的 Bingham 体与 Burgers 模型组合得到考虑应力状态影响的非定常黏弹塑性流变模型；蒋昱州等[135]对 Bingham 体中的黏滞元件进行修正，得到非线性黏滞牛顿体，该牛顿体的黏滞系数与应变有关，并将改进的 Bingham 体与 Burgers 模型组合得到非线性黏弹塑性蠕变模型；罗润林等[136]对 Bingham 体中的黏滞元件进行改进，将改进后的 Bingham 体与非定常 Kelvin 体组合得到非定常参数西原模型。

以线性流变模型为基础，根据 Mohr－Coulomb 等屈服准则提出一个新的塑性元件，将塑性元件与线性流变模型可以组成新的非线性黏弹塑性模型，Sterpi[137]以西原模型为基础，Bingham 体中的圣维南体采用 M－C 模型，使 M－C强度参数 C、Φ 和 φ 为第 2 偏塑性应变不变量的衰减函数；陈炳瑞等[138-139]将 Burgers 模型与 CWFS 模型[140-141]组合成适合于硬脆岩的黏弹脆塑性组合模型。李栋伟等[142]采用抛物屈服面代替圣维南体，提出一个新的黏弹塑性本构模型，将线性流变模型中的黏弹性模量或者黏滞系数转换为时间的非定常函数，可以建立非定常流变模型；罗润林等[143]将 Burgers 模型中的 Maxwell 黏滞系数看成为时间的非定常函数；秦玉春[144]将 Burgers 模型中的黏弹性模量转换为时间的非定常函数；朱明礼[145]将 Maxwell 蠕变方程中的剪切模量和黏滞系数变为时间的函数，得到非定常 Maxwell 模型。

由于岩石是一种典型的非连续、非均质缺陷材料，因而将损伤、断裂力学引入岩石的流变研究就是必然的和自然的，将线性流变元件模型与损伤力学、断裂力学模型耦合可以得到非线性流变元件模型。郑永来等[146]基于 Weibull 分布函数得到损伤参量，对广义 Kelvin 模型进行修正得到连续黏弹性模型；王乐华等[147]则基于 Weibull 函数建立一个损伤元件，并将其和弹性元件、塑性元件和黏性元件串并连建立一种岩体弹塑黏性损伤力学模型；徐卫亚等[148]在文献[122－123]的研究基础上建立可以反映绿片岩加速蠕变的损伤蠕变模型；范庆忠等[149-150]以 Burgers 模型为基础，引入非线性损伤、硬化变量代替 Burgers 模型中的线性损伤、硬化变量，从而提出了可以描述软岩蠕变过程三阶段的非线性蠕变本构模型；王者超等[151-152]以 Burgers 模型为基础，使模型中元件的系数在蠕变过程中随着黏性应变的增加不断衰减，即 Maxwell 和 Kelvin 体的黏弹性模量和黏滞系数为黏性应变的函数，建立盐岩的蠕变损伤演化方程，并依此建立盐岩非线性蠕变损伤本构模型；朱昌星等[153-154]以非线性黏弹塑性流变模型为基础，根据时效损伤和损伤加速门槛值的特点，建立非线性蠕变损伤模型。

随着损伤断裂力学方法在岩石力学研究中的不断发展，在岩体损伤断裂流变模型的研究与应用方面，也取得了不少进展。陈智纯和缪协兴等[155-156]基于岩石蠕变试验结果，总结出了以能描述损伤历史的蠕变模量为参数的岩石蠕变损伤方程；杨延毅[157]通过研究节理岩体的损伤流变断裂过程，提出了在恒定持续荷载作用下，岩体节理的延迟起裂、持续扩展与延迟失稳准则，在此基础上建立了节理岩体的损伤演化方程和具有损伤演化耦合效应的黏弹塑性本构模型；凌建明[158]对脆性岩石在蠕变条件下的习惯裂纹损伤特性进行探讨，给出了一种蠕变裂纹发展的损伤模型；陈卫忠等[159]基于损伤力学中应变等效概念，建立了反映岩体断裂损伤耦合效应的弹塑性流变模型；肖洪天等[160]建立了裂隙岩体的损伤流变本构模型，并采用该模型对长江三峡永久船闸边坡的稳定性进行了分析；秦跃平等[161]在分析岩石的多孔特性、强度实验的全应力-应变曲线、蠕变特性曲线和松弛曲线的基础上，建立了适合于应变不减小的加载和卸载过程的损伤演化统一微分方程。

尽管损伤力学和断裂力学分别在岩石力学特性研究中得到了应用，促进了岩石流变力学理论的发展，但由于损伤力学和断裂力学都有各自的局限性，如断裂力学难以处理密集型的微观裂纹，而损伤力学难以处理宏观裂纹的扩展过程，因而损伤或者断裂单独与流变的耦合本构模型不可避免地存在诸多不足。

内时理论最初是由 Valanis[162]提出的，其最基本的概念为：塑性和黏塑性材料内任一点的现时应力状态是该点邻域内整个变形和温度历史的泛涵；变形历史用取决于变形中材料特性和变形程度的内蕴时间来量度；通过对由内变量表征的材料内部组织的不可逆变化，必须满足热力学约束条件的研究，得出内变量的变化规律，从而给出显式的本构方程。陈沅江[163]从内时理论出发，通过在内蕴时间引入牛顿时间，在 Helmholtz 自由能中引入损伤变量，对它们分别进行了重新构造，采用连续介质不可逆热力学基本原理推导了软岩的内时流变本构模型。

分数导数型流变模型最早应用在医学领域和高分子材料科学中，而最近几年逐渐被引入到混凝土和岩土材料中。张为民等[164-165]从分数导数的定义出发，提出了在黏弹性经典理论中用 Abel 黏壶取代传统的牛顿黏壶的新观点，构造出来的含分数导数的标准线性体可以很好地描述真实材料的松弛和蠕变现象；殷德顺等[166]利用 Riemann - Liouville 的分数阶微积分算子及理论，建立了一种新的岩土流变模型元件；黄学玉等[167]利用能较好地描述岩体黏弹性力学行为的分数导数本构模型，并运用弹性-黏弹性对应原理和分数导数的性质，通过 Laplace 逆变换得到了分数导数描述的圆形隧道黏弹性围岩的应变和位移的解析解。

1.5 岩体长期强度特性的研究进展

岩体的长期强度特性研究对解决岩体工程中的许多实际问题同样具有很重要的意义。近年来，随着岩土工程和采矿工程的发展，人们对岩体流变破坏以及相关工程结构的延迟失效日益关注，对此的研究不断深入，取得了许多有意义的成果。但目前国内外关于岩体长期强度的研究并不多见，关于结构面长期强度的研究更为少见，将岩体长期强度的试验结果应用于工程稳定性评价中，这将成为岩体稳定评价的必然趋势。目前，确定岩石长期强度的间接法基本上全部基于微裂缝破坏理论，其认为岩石即使在低温和低应力的状态下，仍然会发生微裂隙的产生和破坏。

Potts[168]、Sangha 和 Dhir[169]发现随着加载速率的降低，岩石的强度也发生减少，他们同时提出长期强度可以被认为是加载速率趋于零时的岩石的破坏强度；Bieniawski[170-171]提出岩石的单轴压缩长期强度由不稳定裂缝的发展点即岩石的应力-体应变曲线的拐点决定；Pushkarev 和 Afanasev[172]提出了一种快速的长期强度确定方法，即松弛法，通过不断的循环加载和松弛，最后得到试样的最大松弛稳定应力，从而确定长期强度；Wawersik[173]研究了在常围压下的岩石流变试验，针对试验技术和试验设备对应变测量进行了扩展研究；Munday[174]通过体积膨胀法和最大泊松比法对砂岩、大理石岩、花岗闪长岩和花岗岩进行了对比研究，发现最大泊松比法所估计得的长期强度比体积膨胀法所得的强度更高；Schmidtke 和 Lajtai[175]通过时间依赖强度法对岩石的加载速率的变化与强度变化的对应关系进行了研究，发现加载速率和试验条件对岩样的试验强度有系统的并且可预知的影响；刘晶辉[176]根据软弱夹层流变试验和理论，提出了流变试验中确定长期强度的三种方法，分别是根据剪应力与剪应变等时线簇确定、根据流动曲线确定和根据第六至第七天的应变速度和剪应力曲线确定；刘沐宇[177]采用岩石扭转流变仪对某石膏矿山的石膏岩样进行了流变试验。根据硬石膏的流变曲线，建立了应力水平与试样蠕变破坏时间的关系式，获得的硬石膏长期强度为瞬时强度的 66%；Szczepanik[178]通过对九块花岗岩进行超过单轴抗压强度 80%的荷载进行流变试验，并通过声发射对其进行观察其微裂缝的发展状态，最后研究硬岩的长期强度特性；崔希海[72]开发研制了重力驱动偏心轮式杠杆扩力加载式流变仪，并应用该流变仪对红砂岩的蠕变特性进行单轴压缩蠕变试验研究。岩体长期强度的确定方法理论上主要分为两类：直接法和间接法。直接法就是用蠕变试验方法，由变形来测定岩体在指定时间内不发生破坏的最大荷载，但是直接法费时而且昂贵，除了基本理论研究外，一般不采用。间接法是为了摆脱以上困难进行的快速强度判定法，从物理力学现象寻找岩体在外力作用下强度变化的不同发展阶段的临界值或判据，工程应用性比较强，包括过渡蠕变法、体积膨胀法、应变率法、松弛法等，各种方法都有优缺点。此外，各种间接法都在一定的假设条件之上定义其长期强度，并依据其定义进行相关的试验确定长期强度，而这些被定义的长期强度在理论上的正确性还有待于进一步的论证，试验方法的合理性也必须进行验证。因此，就目前的研究现状而言，这些方法都没有很准确地解决结构面长期强度的预测问题。随着试验技术的不断进步以及计算机技术的不断发展，有必要结合结构面的流变试验以及数值计算方法对长期强度的确定方法做更为深入的研究，并且建立结构面长期强度的经验公式，以有利于长期强度指标的工程应用。

1.6 本文的主要研究内容

本文拟以规则齿形结构面、绿片岩软弱结构面试件为研究对象，对其进行室内瞬时剪切试验和剪切蠕变试验，并以试验为基础对结构面的剪切特性和剪切蠕变特性进行深入研究，主要研究内容如下：

(1) 进行人工制作的规则齿形结构面试件的常规剪切试验，了解结构面的基本力学特性以及剪切条件下的瞬时力学特性，并为后续试验的加载方式提供依据。为了模拟处于不同深度的结构面的受力状态，法向应力采用单轴抗压强度的50%、40%、30%、20%等不同大小，以分别研究不同爬坡角、不同应力水平对结构面在剪切条件下的力学特性的影响。

(2) 进行人工制作的规则齿形结构面试件的剪切蠕变试验，了解不同角度及不同应力条件下的结构面剪切蠕变特性，试验采用多种结构面角度的试样，分级施加按快剪试验中确定的剪切力；通过对比结构面在不同应力、不同结构面角度条件下的试验结果，分析结构面在长期荷载作用下的变形机理和破坏特征，研究结构面的流变破裂机制，掌握结构面剪切流变的基本规律，并为流变模型的辨识提供依据；在分析结构面剪切蠕变特性的基础上，建立考虑结构面非线性特性的剪切蠕变本构方程，并对结构面长期强度特性进行一定的研究。

(3) 进行绿片岩天然软弱结构面的常规剪切试验和剪切蠕变试验，并对试验结果进行分析，探讨绿片岩软弱结构面的蠕变特性；对不同情况下绿片岩软弱结构面的蠕变力学特性及其规律进行分析，在此基础上对结构面的流变模型与参数做出辨识，建立考虑结构面加速蠕变特性的非线性本构模型，并对结构面的长期强度特性进行研究。

(4) 利用FLAC3D数值计算软件对岩体结构面的剪切试验及剪切蠕变试验进行数值模拟，进一步对岩体结构面的剪切特性和剪切蠕变特性进行探讨。

第2章 规则齿形结构面的剪切特性研究

岩体与一般介质的重大区别在于它是由结构面纵横切割而具有一定结构的多裂隙体,岩体中的结构面对岩体的变形和破坏起着控制作用,岩石的结构面的力学特性是控制工程安全性的重要依据。结构面的受力特点与完整岩石不同,通常只讨论其抵抗剪切力的能力,结构面的剪切强度与其形态特征有着密切的联系。结构面的力学性质主要包括结构面的剪切强度和结构面的变形本构关系,因而,结构面试验的目的就是为了获得结构面的强度性质参数和建立结构面的剪切本构关系。结构面的变形特性通常由应力-变形曲线的特性来描述,结构面的本构关系涉及法向应力和剪切应力与法向位移和剪切位移之间的相互关系。获得结构面变形和强度性质指标的试验方法主要是通过剪切试验,在现场或者实验室内进行试验直接测量是最基本的方法之一,本章首先通过规则齿形结构面在不同法向应力下的剪切试验,对其力学特性进行了基础性研究,阐述了规则齿形结构面在剪切条件下力学特性的主要特征以及其强度、变形等力学特性的主要规律;然后通过对试验数据的分析,对结构面综合抗剪强度参数在剪切条件下的变化规律进行研究,建立评价结构面剪切强度的经验公式,同时探讨了结构面在剪切力作用下的剪切变形曲线以及不同粗糙度结构面的剪切变形特性,在此基础上提出结构面剪切变形特性的经验本构关系;最后还对结构面在剪切条件下的扩容特性进行分析,并对现象做出解释。

2.1 规则齿形结构面剪切试验概况

2.1.1 试验设备及量测系统

本次结构面剪切试验采用长春试验机研究所研制的 CSS-1950 型岩石双轴流变试验机,其主要结构如图 2-1 所示。

图 2 - 1　CSS - 1950 岩石双轴流变试验机

该试验机主要由主机、电控箱、计算机控制处理等几部分组成，用于混凝土或岩石试件在垂直轴向拉或压，水平轴向压负荷长时间作用下的流变试验。主要技术指标如下：

（1）试验机采用机电伺服机构在试样一端施加垂直轴向和水平轴向荷载。

（2）加载能力。

垂直方向：500 kN(压)、200 kN(拉)；

水平方向：300 kN(压)；

加载量程可以选择 1×、5×、10×、20×、50×倍档，相应的轴向(水平向)最大荷载应除以 1、5、10、20、50，根据不同的档位可以满足不同范围的应力量测精度要求。

（3）加载方式及加载速率：加压系统采用丝杠加压，可以实现两个方向同时加载以及单独加载，流变试验采用负荷控制，加载速率的范围为 2～200 kN/min，应力松弛试验采用变形控制。

（4）荷载测量方式及精度：采用负荷传感器分别测量垂直轴和水平轴向荷载，荷载值直接数显。负荷传感器放置在试样一端，垂直轴配有 500 kN 的拉、压传感器，水平轴配有 300 kN 的压传感器，测量精度：±1%示值(从量程 10%开始)。

（5）加载系统控制精度：1%。

（6）水平轴浮动功能。为了减少垂直轴和水平轴加载之间的相互影响，水平轴向加载头与压板之间应采用滚动连接，这样可以保证加载力均匀分布，水平轴加载框架应能在水平方向滑动，以消除横向附加作用力。

(7) 试样变形测量方式：采用差动变压器测量试样两侧轴向和横向标距内变形，变形值也为直接数显。

(8) 变形测量范围及精度。变形测量范围：3 mm，有 1×、2×、5×、10×、20×、50×倍档可选，精度：±0.5%F.S，分辨率：1 μm。

(9) 试样形状尺寸。压缩试样：100 mm × 100 mm × 100 mm，或者200 mm×200 mm×400 mm两种，标距：60～100 mm 可调。

(10) 连续工作时间：试验机连续工作时间不小于 500 h，为了保证在停电时，试验机仍然可以正常工作，该机还配置了不间断电源(UPS)，该电源处于在线工作状态。

(11) 试验机控制与数据处理：计算机通过专用软件对试验过程进行自动控制，能按规定的采样程序(时间步长和变形步长)采集试验数据并进行处理，试验结果可实时地在屏幕上显示并可用打印机打印出来。计算机采集的数据包括试验的日期、时间、力和位移等参数，试验后的数据文件可用数据处理软件做进一步的处理。

2.1.2 试样制备

自然界的天然岩体结构面复杂多变，充填物的性质差异很大，且结构面粗糙度和起伏度的评价问题也没有很好地解决，而且采集实际的岩体结构面本身是一件比较困难的事情。本次试验主要是针对结构面力学性质进行基础性研究，从理论上对不同爬坡角结构面的剪切力学性质进行分析论证，因此试验中的试样采用规则齿形结构面的水泥砂浆试件，即将自然界起伏不平的结构面表面形态简化成具有相同角度的规则齿形，以降低结构面的复杂性，在此基础上研究结构面的剪切力学特性。为了避免由于试件材料强度和变形性质的差异而造成的试验结果的差异，每批试件的制作都采用相同的材料，相同的材料配合比，相同的养护时间，同一规格的模子。

试样的制作使用钢模进行浇筑，由于钢模数量有限，试样的制作分批进行浇筑，每批浇筑 10 个半块，合成之后，含 10°、20°、30°、45°齿形结构面的试件各一整块，本次试验共分 9 批浇筑完成，共有 45 块含有不同角度的结构面试件，用以进行结构面剪切力学试验，另外还浇筑了 4 块 10 cm×10 cm×10 cm 的不含结构面的立方体试件，用来确定试样材料的力学参数。

试验中的试件尺寸主要为 10 cm×10 cm×10 cm,结构面采用规则锯齿状结构面,单齿长度 10 mm,齿形个数 10,采用 5 种角度的结构面:0°、10°、20°、30°、45°,试件的平面示意图如图 2-2 所示。

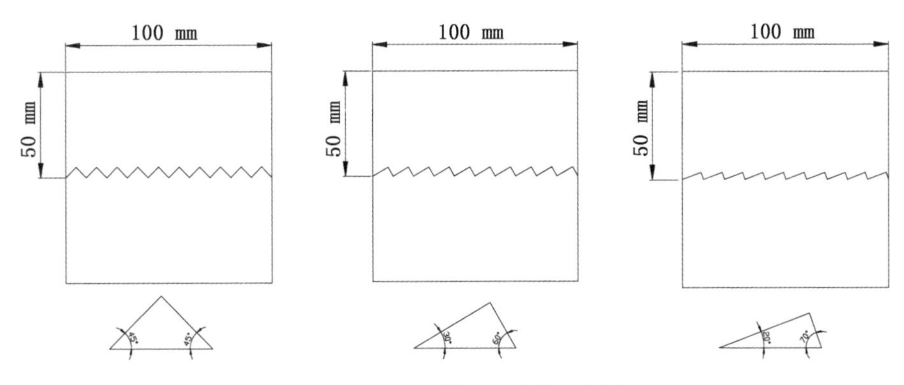

图 2-2　齿形结构面试样示意图

本次试件所使用的材料暂不与自然界岩体材料进行相似模拟,以减少试验的复杂程度和分析难度,便于对结构面的力学特性进行更为直接明了的研究。模型材料选用 325 标号水泥、标准砂和水,配合比为水∶水泥∶砂=1∶2∶4。每次浇筑时按配合比取好各种材料,然后搅拌混合均匀,将其装到钢模中捣实,最后将其表面抹平,模型成形后 24 小时拆模,在标准养护条件下养护 28 天后进行试验。为了保证模型试件的质量和提高其密实度,在浇筑模型试件过程中,采用了分层加料和分层捣实的浇筑方法。另外,为了保证结构面齿的完整性以及表面的平整性,在模型浇筑之前,不在钢模上涂抹过多的润滑油,只要能保证顺利脱模就可以了。

虽然模型试件是分批进行浇筑的,但试样的养护条件和养护时间非常接近,所以试件在各方面的性质不会存在太大的差异,这一点对于试验结果的分析是至关重要的,同时也为获得合理的试验结果提供了良好的条件。规则齿形结构面试件在进行浇筑的时候,试件表面在浇筑过程中由于材料的原因,结构面角度的浇筑并不是十分完美,部分结构面角度存在有少量孔洞,试件在安装的过程中有时无法完全闭合,部分试件表面出现下凹的情况,这些因素对试验结果都会产生一定的影响。

2.1.3　试验步骤

本次试验主要研究结构面在剪切条件下的力学特性,试验采用不同角度的规则齿形结构面在不同应力状态下进行试验，试件共分为 5 组，具体试验步骤如下：

(1) 首先进行试件单轴抗压试验，用来确定剪切试验所要施加的法向应力的大小，利用前期已有的相关试验数据，确定一条预测曲线，并利用一组试件来验证此曲线，由此确定所加法向应力的大小。

(2) 立方体试件剪切试验，主要用来获得材料的抗剪强度参数，本次研究采用莫尔-库仑强度理论来确定试件的强度参数，因此，用三块 10 cm×10 cm×10 cm的立方体试件在不同的法向应力条件下进行剪切实验。

(3) 规则齿形结构面常规剪切试验，试件分为含有 0°、10°、20°、30°、45°五种类型爬坡角的结构面，依据地层中不同深度岩体的地应力水平不相同，本次试验每种类型试件分别在单轴抗压强度的 50%、40%、30%、20%（$0.5\sigma_c$、$0.4\sigma_c$、$0.3\sigma_c$、$0.2\sigma_c$）的法向应力下进行剪切试验，加载方式为分步加载：先加法向力达到预定值保持不变，然后以一定速率施加剪切力，直至试件发生破坏，获得不同爬坡角结构面剪切试验曲线和试验数据。当剪切力达到峰值时，剪切位移曲线峰后会出现明显的应力下降，可以确定试件发生破坏，此时的破坏应该是综合性的，爬坡和切齿都可能发生，哪一部分起主导作用将取决于法向应力和结构面角度。

2.2 规则齿形结构面的强度特性研究

岩体的破坏以结构面破坏为主，结构面的峰值剪切强度是岩体最主要的力学性质，也一直是岩体力学最主要的研究课题。不同粗糙度的硬性结构面的剪切强度主要由两部分组成：由表面形态引起的爬坡力和表面凸起物被剪断引起的摩阻力。结构面的表面形态中常包含有粗糙度，结构面的强度公式一般将结构面表面形态视为规则起伏角或者随机粗糙度，实际上，在不同的法向应力下，粗糙度对结构面剪切强度的作用是不一样的，结构面的剪切强度公式中需要充分考虑粗糙度的影响因素，结构面表面形态对于峰值剪切强度的影响需要做更为深入的研究。研究结构面峰值剪切强度的一个主要途径就是在大量剪切试验的基础上，总结归纳出峰值剪切强度的经验公式，通过对经验公式进行分析来解释结构面峰值剪切强度的力学机理。

2.2.1　规则齿形结构面剪切强度

本次试验的试件比较多，试验资料丰富，获得了比较理想的试验结果。试验中，首先对 10 cm×10 cm×10 cm 立方体试件进行无侧限单轴抗压试验，获得了试件的剪切力-变形曲线，可以得到在无侧限条件下，试件的轴向破坏荷载为 100 kN，进而得到材料单轴抗压强度 σ_c 为 10 MPa。按照试件单轴抗压强度的 50%、40%、30%、20%（$0.5\sigma_c$、$0.4\sigma_c$、$0.3\sigma_c$、$0.2\sigma_c$）选取剪切试验的法向应力，则剪切试验的法向应力分别为 5 MPa、4 MPa、3 MPa、2 MPa。

试验中通过三块 10 cm×10 cm×10 cm 立方体无结构面试件在不同应力条件下进行剪切试验，获得了立方体无结构面试件在 3 种法向应力状态下的剪切强度，如表 2-1 所示，进而可以得到材料的抗剪强度参数：$C = 3.5351$ MPa，$\varphi = 46°$。

表 2-1　立方体试件破坏时的正应力和剪应力　　单位：MPa

σ	1.014	2.048	3.136
τ	4.735	5.386	6.937

经过试验得到试件材料的单轴抗压强度和抗剪强度参数，确定结构面剪切试验的法向应力，进而进行不同爬坡角结构面的常规剪切试验，其中每个角度的结构面试件各进行了 4 组试验，分别对应于 4 种法向应力状态，最后利用莫尔—库仑理论求得结构面的抗剪强度参数，具体结果如表 2-2 和图 2-3 所示。

表 2-2　不同爬坡角结构面剪切试验结果

0°	σ/MPa	2.03	3.03	4.06	5.04	C_j/MPa	0
	τ/MPa	1.46	2.09	2.86	3.81	φ_j/(°)	35.98
10°	σ/MPa	2.05	3.07	4.09		C_j/MPa	0.45
	τ/MPa	2	3.01	3.61		φ_j/(°)	38.28
20°	σ/MPa	2.05	3.05	4.07	5.06	C_j/MPa	0.8
	τ/MPa	2.39	3.71	4.04	5.12	φ_j/(°)	40.26
30°	σ/MPa	2.047	3.06	4.07	5.06	C_j/MPa	1.21
	τ/MPa	2.77	4.17	5.2	5.42	φ_j/(°)	41.78
45°	σ/MPa	2.04	3.05	4.07	5.06	C_j/MPa	1.65
	τ/MPa	3.7	4.91	5.64	6.9	φ_j/(°)	45.69

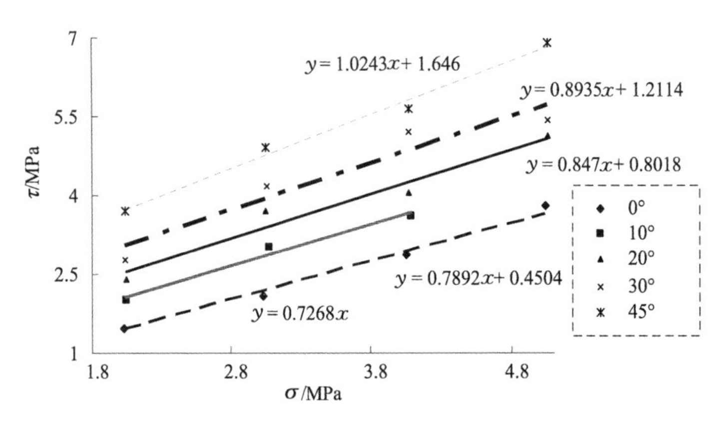

图 2-3　结构面抗剪强度参数拟合

本次试验中，试件发生破坏的形式主要分为两类：在爬坡条件下压碎齿尖的破坏和剪断齿状突出物的破坏。前者破坏形式主要出现在结构面角度较小的10°和20°结构面试件，而30°、45°角度的结构面试件的破坏形式则更多地表现为剪断齿状突出物的破坏，在45°结构面试件表现得尤其明显，图2-4为试验过程中试件破坏的照片，从图中可以明显看出不同角度试件破坏形式的差别，45°结构面试件齿状突出物完全被剪断，而10°和20°结构面试件的爬坡效应非常明显，从而也说明随着结构面角度的增大，试件发生破坏的过程中，爬坡效应明显减少，而切齿效应逐渐增大。

结构面表面具有起伏不平，粗糙凹凸的表面形态，结构面岩体的变形破坏不仅与岩石的力学性质有关，更主要取决于法向应力的大小、粗糙结构面的接触面积、突出体的相互啮合程度以及充填物的力学性质。突出体的磨损破坏是个极为复杂的物理过程，在特定载荷环境下的表面损伤可能由若干断裂模式构成，如

图 2-4　20°和 45°结构面试件的破坏照片

在较陡突出体处产生拉破裂，而在较平突出体处发生滑动，或某些已断裂突出体产生转动。在法向和切向载荷的共同作用下，突出体被剪断、磨损和劈裂，累积到一定程度，从而使得结构面岩体的抗剪强度降低。结构面岩体在剪切过程中会产生两种力学效应：一种是爬坡作用，另一种是切齿剪断作用。爬坡作用使得结构面具有扩容现象，切齿剪断作用又使得结构面具有一定的损伤。当突出体的磨损和剪断累积到一定程度时，表现为岩体沿结构面的整体滑移破坏，随之产生一次大的应力降。绝大多数结构面岩体在剪切加载过程中随着剪切变形的发生，剪应力先有一个上升阶段，然后出现较大的下降。

2.2.2　规则齿形结构面剪切强度公式

本次试验共进行了 5 种爬坡角度 4 种法向应力状态下的结构面剪切试验，结构面的抗剪强度结果如表 2－2 所示，根据表中数据可以得到结构面的峰值剪切强度与结构面角度之间的关系如图 2－5 所示。

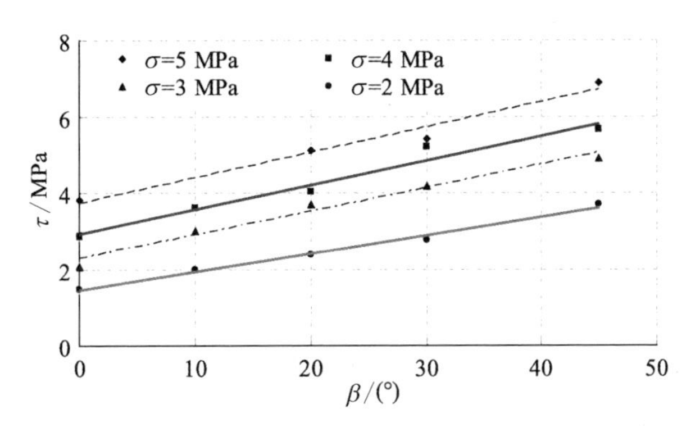

图 2－5　结构面峰值剪切强度与结构面角度关系

从图 2－5 中可以看出，结构面的峰值剪切强度与结构面角度的大小呈现出很好的线性关系，在同一法向应力作用下，抗剪强度随着结构面角度的增大而增大，当结构面角度从 10°增加到 45°时，抗剪强度的平均增长幅度有 60%左右，但不同法向应力及不同结构面角度的情况下峰值剪切强度的变化趋势和增加幅度有所不同，增加的幅度随着结构面角度和法向应力的增大有减小的趋势。随着结构面角度的增大，结构面的抗剪强度特性有明显的提高，主要是由于随着结构面角度的增大，爬坡扩容效应减少，而切齿剪断效应增加造成的，结构面角度对于结构面强度特性的影响十分显著。

一般情况下，硬性岩体结构面的峰值剪切强度公式可以表示为

$$\tau_p = \sigma_n \cdot \tan(\varphi_r + i) \tag{2-1}$$

式中，φ_r 为基本内摩擦角；i 为结构面的综合爬坡角。

根据试验结果，考虑到结构面在剪切过程中，破坏过程既包含有爬坡效应，同时又包含有切齿效应，爬坡效应和切齿效应的变化情况随着结构面爬坡角度的不同而不同，为了使结构面强度公式的物理意义更为明确，更切合结构面的破坏机理，假设结构面剪切过程中的基本内摩擦角保持不变，对公式(2-1)进行如下改进：

$$\tau_p = \sigma_n \cdot \tan(\varphi_r + i) + C_i \tag{2-2}$$

式中，φ_r 为基本内摩擦角，在本次试验中对应的是 0°结构面的内摩擦角；i 为反映结构面剪切过程中爬坡效应的爬坡角，与结构面角度 β 有关；C_i 为黏聚力，与结构面剪切过程中的切齿效应有关。根据库仑摩尔准则，将 φ_r 与 i 的和统称为结构面的内摩擦角 φ_j。

根据公式求得结构面的抗剪强度参数见表 2-2，从参数结果可以看出，随着齿形结构面角度的增大，结构面的综合抗剪强度参数 C_i、φ_i 也在增大。在通常情况下，对于均质材料而言，结构面的综合抗剪强度参数 C_i、φ_i 都是不发生变化的。但在本次试验中，几乎所有试件都是先发生一定程度的爬坡效应之后被剪断的，而不是单一爬坡效应或切齿效应，正是由于有爬坡效应发生，使得剪断齿尖的面积在发生变化，结构面的综合抗剪强度参数 C_i、φ_i 也随之发生变化。在同一应力水平下，随着结构面角度的增大，试件发生爬坡的程度变小，齿的剪切抵抗变大，剪断齿尖的面积也随之变大，因此，C_i 也就越大；由于爬坡效应的存在，φ_i 随结构面角度的增大而增大，这与试验过程中所观察到的试件的破坏形态是相吻合的。根据计算结果，C_i、φ_i 与结构面角度 β 的关系如图 2-6 所示。

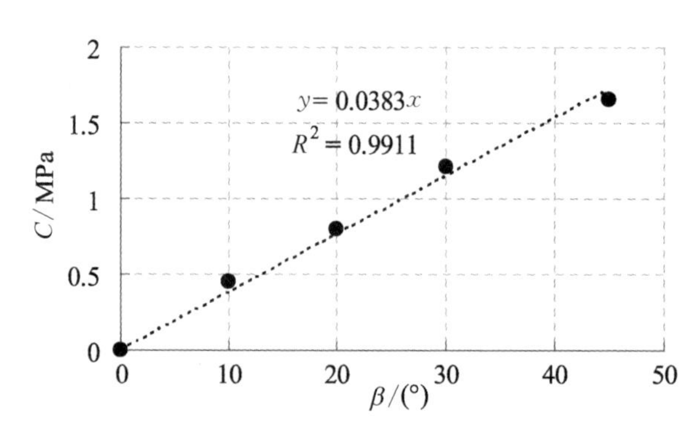

图 2-6　结构面综合抗剪强度参数 C_i 与结构面角度 β 的关系

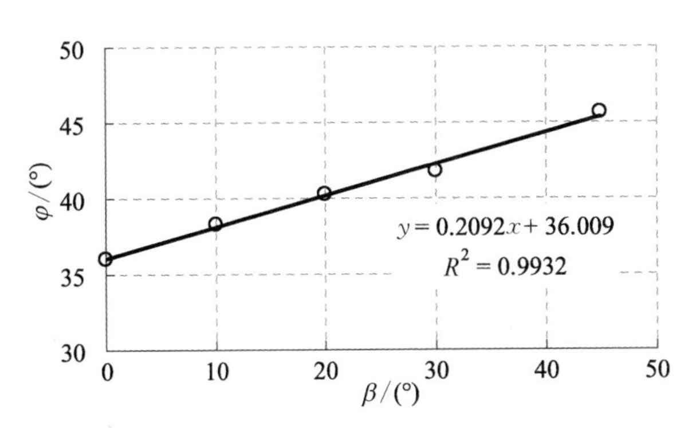

图 2－7　结构面综合抗剪强度参数 φ_j 与结构面角度 β 的关系

从图 2－6、图 2－7 中可以看出，在加载条件下，不同结构面的综合抗剪强度参数与结构面角度的大小表现出较好的线性关系，根据拟合结果，可以将结构面抗剪强度参数与结构面角度的关系利用线形数学表达式进行描述，结构面的破坏往往都是既有爬坡效应又有切齿效应，而不是发生单一的爬坡效应或切齿效应，根据试验数据及相关曲线，可以总结出一个与 Patton 公式形式相似的经验公式，表达式如下：

$$\tau = \sigma_n \cdot \tan[\varphi_0 + h(\beta)] + f(\beta) \tag{2-3}$$

式中，β 为结构面的角度；φ_0 为结构面的基本内摩擦角；$h(\beta)$，$f(\beta)$ 是与结构面角度有关的函数，分别反映结构面的爬坡效应和切齿效应。

根据结构面抗剪强度参数与结构面角度的线性关系，公式(2－3)的具体形式如下：

$$\tau = \sigma_n \cdot \tan(\varphi_0 + K_i \beta) + K_c \beta \tag{2-4}$$

式中，K_i 为加载时结构面内摩擦角修正系数；K_c 为加载时结构面内聚力修正系数，公式中的 β 也可以理解为与结构面的粗糙度有一定的关系参数。

参考本次试验的结果，在剪切条件下，各参数可取如下值：$\varphi_0 = 36°$，$K_i = 0.21$，$K_c = 0.037$。

2.2.3　规则齿形结构面粗糙度特性

Barton 根据大量试验，在统计分析的基础上提出了结构面剪切强度的经验方程，同时考虑了法向应力和结构面表面特征对结构面剪切强度的影响，是目前应用最为广泛的公式，具体形式如下：

$$\tau=\sigma_{\mathrm{n}}\cdot\tan\left[JRC\lg\left(\frac{JCS}{\sigma_{\mathrm{n}}}\right)+\varphi_{\mathrm{b}}\right] \tag{2-5}$$

式中，JRC 是节里面粗糙度系数；JCS 是结构面面壁的抗压强度，可以利用岩石试样的常规抗压强度试验值推算而得；φ_b 是基本内摩擦角。

在本次结构面试验中可以采用 0°结构面的内摩擦角值。根据本次结构面试验的研究思路，对该公式进行一定的修改，将结构面快剪试验过程中的爬坡和切齿效应都能反映出来，具体表达式如下：

$$\tau=\sigma_{\mathrm{n}}\cdot\tan\left[JRC\lg\left(\frac{JCS}{\sigma_{\mathrm{n}}}\right)+\varphi_{\mathrm{b}}\right]+C_i \tag{2-6}$$

可以看出，式(2-6)引进了反映结构面剪切试验过程中切齿效应的参数 C_i，使公式的物理意义更加明确。根据式(2-6)可知，已知结构面在特定法向应力作用下的抗剪强度的情况下，可以按照式(2-7)去求得结构面的粗糙度系数。

$$JRC=\frac{\arctan\left(\frac{\tau-C_i}{\sigma_{\mathrm{n}}}\right)-\varphi_{\mathrm{b}}}{\lg\left(\frac{JCS}{\sigma_{\mathrm{n}}}\right)} \tag{2-7}$$

根据结构面剪切试验结果，按照式(2-7)的方法，可以求得规则齿形结构面试样的粗糙度系数，从理论上更为直观地反映出规则齿形结构面的表面形态特征，结构面粗糙度系数的计算结果见表 2-3。

表 2-3　结构面粗糙度系数计算结果

爬坡角/(°)	φ_b/(°)	JCS/MPa	C_i/MPa	JRC
10	35.98	10	0.45	4.5
20			0.8	9.8
30			1.21	13.1
45			1.65	22.5

根据表 2-3 中结构面的 JRC 值，可以对结构面的粗糙度进行评价，与 Barton 给出的标准剖面线进行比较，确定结构面的粗糙度等级。根据结构面粗糙度系数的计算公式(2-7)，将式(2-6)与式(2-4)进行对比，可以看出两个公

式在形式上具有相似之处，*JRC* 与结构面角度是呈线性关系的，两者之间的相互转换关系如下：

$$JRC = \frac{K_i \cdot \beta}{\lg\left(\frac{JCS}{\sigma_n}\right)} \tag{2-8}$$

规则齿形结构面 *JRC* 与结构面角度之间的拟合关系如图 2-8 所示，从图中可以更为直接地看出两者之间的线性关系。由于本次研究试验条件及理论条件的限制，在结构面粗糙度评价方面只做了尝试性研究，没有进行更为深入地探索，该方面研究还需要进一步加深。

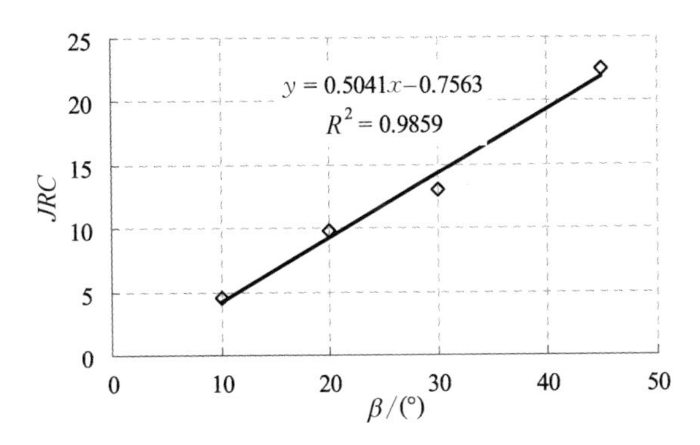

图 2-8　结构面粗糙度系数 *JRC* 与结构面角度 β 关系

2.3　规则齿形结构面的变形特性研究

结构面的力学性质主要包括结构面的剪切强度和结构面的变形本构关系，因而结构面剪切试验的目的就是为了获得结构面的强度性质参数和建立结构面的本构关系。结构面变形特性通常由应力-变形曲线的特性来描述，结构面的本构关系涉及法向应力和剪切应力与法向位移和剪切位移之间的相互关系。在结构面剪切试验中，总是要记录剪切应力-剪切位移曲线，但是目前大多数试验的目的是研究结构面的强度性质或测定结构面的强度参数，而在结构面的剪切变形性质方面，很少作定量的研究，计算中经常把剪切曲线简化为直线，主要是由于结构面的剪切曲线的形态相差很大，且对于结构面非线性的本构关系的处理也比较困难。

2.3.1 规则齿形结构面剪切位移特性

在天然的条件下，结构面的形态千变万化，使得剪切力作用下所产生的剪切位移曲线也有多种不同的类型，对本次规则齿形结构面快剪试验破坏试样的观察结果表明，试样的剪切破坏主要有两种类型：一是剪断破坏；二是爬坡滑移破坏，如图 2-9 所示。试样剪断破坏主要包括从突起物底部剪断、从突起物上部剪断两种情况；爬坡滑移破坏主要包括突起物整体被磨碎和突起物表面有部分磨损两种情况。发生剪断破坏的结构面试样在剪切力和变形关系曲线上表现为明显的“剪胀区”（主要由结构面凸出物的变形和沿突出物的爬坡组成）、“剪断区”和“滑移区”三个阶段，爬坡滑移破坏的结构面试样在剪切力和变形关系曲线上主要表现出“剪胀区”和“滑移区”两个阶段，“剪断区”阶段不明显。从试验过程及结果可以看出，试样破坏类型主要受结构面角度控制，结构面角度小的情况下（如 10°、20°），结构面试样主要呈爬坡滑移破坏模式，结构面角度较大的情况下（如 30°、45°），试样主要呈剪断破坏模式。还可以看出，总体上为滑移破坏的结构面试样，随着法向应力的增大，破坏模式从滑移破坏向剪断破坏发展；总体上为剪断破坏模式的结构面试样，随着法向应力的增大，则呈现更明显的剪断破坏模式。由于结构面的形态千变万化，使得在剪切力作用下所产生的剪切位移曲线也差别很大，在结构面岩体力学分析中，为了实际计算的方便，常将结构面的剪切变形曲线简化为线性剪切型和线性剪断型两类。

在不同的法向应力水平作用下，结构面剪切变形曲线有两种变化形态：

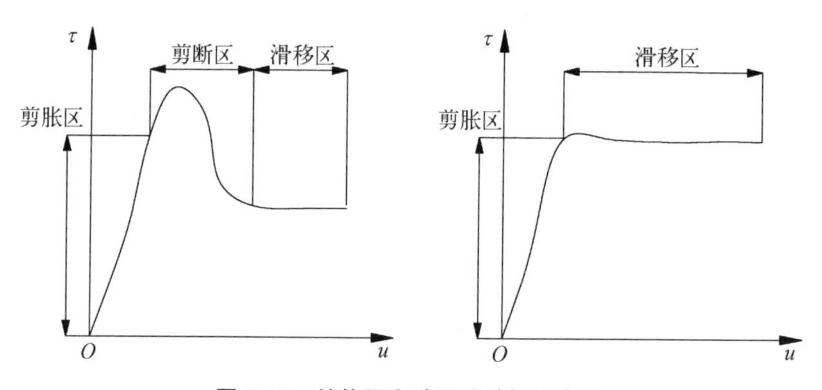

图 2-9 结构面爬坡滑移破坏示意图

一种为常刚度变形曲线，另一种为变刚度变形曲线，前者在不同的法向应力水平下，结构面剪切应力-位移曲线的斜率接近一致，后者在不同的法向应力水平下，结构面的剪切应力-位移曲线的斜率随法向应力的增大而增大。将剪切变形曲线简化成直线，可简单地利用剪切刚度加以描述，因此，在数值计算中常用该方法来反映结构面的剪切位移特性[179]。结构面剪切刚度是衡量结构面剪切变形特性的重要指标，本文根据结构面的剪切位移曲线，将弹性变性阶段单位变形内的应力梯度定义为剪切刚度 K_s，如图 2-10 所示。

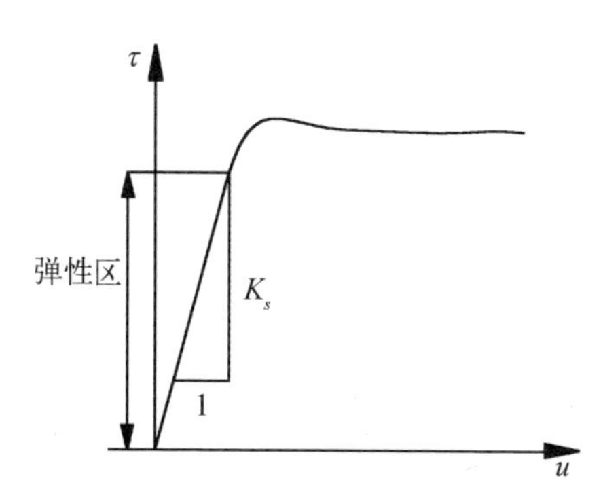

图 2-10　结构面剪切刚度示意

若假设剪切位移是作用在结构面上的正应力和剪应力的函数，则剪切刚度 K_s 可用下式表示：

$$K_s = \frac{\partial \tau}{\partial u} = \frac{\partial f(\sigma,\ \tau)}{\partial u} \tag{2-9}$$

从剪切变形曲线的曲线特征可知，除了结构面的形态影响之外，作用在结构面上的正应力和剪应力也将随其产生很大的影响。即使在峰值剪应力前，剪切刚度也存在着一定的差异。表 2-4 列出了根据图 2-10 的计算方法得到的不同情况下的结构面剪切刚度的试验结果。

表 2-4　结构面剪切刚度试验结果

爬坡角/(°)	法向应力/MPa	K_s/MPa · mm^{-1}	τ_p/MPa
0	5	2.74	3.81
	4	6.58	2.86
	3	8.78	2.09
	2	4.24	1.46
10	5	22.23	4.93
	4	10.24	3.61
	3	2.31	3.01
	2	0.61	2

续　表

爬坡角/(°)	法向应力/MPa	K_s/MPa·mm^{-1}	τ_p/MPa
20	5	30.42	5.12
	4	23.76	4.04
	3	13.62	3.71
	2	8.73	2.39
30	5	35.37	5.42
	4	10.73	5.2
	3	6.68	4.17
	2	9.18	2.77
45	5	11.52	6.9
	4	7.69	5.64
	3	12.50	4.91
	2	9.35	3.7

从表中可以看出，由于试验数据存在一定的误差，部分数据规律性不是十分明显，但总体来讲，结构面剪切刚度随法向应力的增大而增大，随结构面角度的增大而增大，增加幅度随结构面角度和法向应力的增大有减小的趋势。当结构面角度从10°增加到30°时，剪切刚度增加幅度最大达到3倍，法向应力从2 MPa增加到5 MPa时，剪切刚度的增加幅度最大达到4倍，法向应力和结构面角度对结构面剪切刚度的影响十分显著。

Barton和Choubey提出了描述结构面的剪切刚度(K_s)的计算公式(2-10)[10]，该公式假设当剪切位移接近结构面面长度1%时剪切应力就达到了峰值剪切强度：

$$K_s = \frac{\partial \tau}{\partial u} = \frac{\tau_p}{L/100} \tag{2-10}$$

式中，L为结构面面长度；τ_p为结构面峰值剪切强度。

根据本次结构面快剪试验的结果，试样达到峰值剪切强度时的剪切位移基本上在1.0 mm左右，为结构面长度的1%左右，在到达峰值强度之前，试样的剪切力和变形曲线可以近似认为是线性。根据图2-10的定义以及式(2-10)的计算方法，可以利用前面结构面抗剪强度与结构面角度的关系式(2-4)，提出结构面剪切刚度模型如下：

$$K_s = \frac{\sigma_n \cdot \tan(\varphi_0 + K_i \beta) + K_c \beta}{L/100} \tag{2-11}$$

根据试验结果对式(2-11)进行计算，可以得到各角度结构面的剪切刚度值，由于本次结构面试样的长度 $L = 100$ mm，因此结构面剪切刚度模型的计算值在数值上与结构面的峰值抗剪强度相同，从表 2-4 中的结果可以看出，结构面剪切刚度模型的计算值与试验结果在数值上存在较大的差异，计算值与试验值只是在趋势上具有相似的规律性，而具体刚度值则差别较大，这样的差别笔者认为主要是由于试验设备造成各个结构面试验曲线的差异性较大，理论上的研究也还存在一定的缺陷，双方在结果上存在较大差别，理论值与试验值符合得不理想，需要对试验和理论继续进行较为深入的研究和改进。

2.3.2　规则齿形结构面剪切位移曲线

大部分的直剪试验是在一定的常法向应力作用下，然后施加平行于结构面的剪切载荷作用。由于应力集中效应，当剪应力超过突出体所能承受的最大应力时，则会导致结构面表面出现破坏和磨损现象，当破坏和磨损累积到一定程度时使得曲线出现一次较大的应力降。在切向应力到达峰值点之后，接触面开始屈服破坏，产生较大的相对位移，进入宏观滑移阶段。总体上来讲，本次结构面剪切试验曲线符合预期目标，较好地反映了不同角度结构面在剪切力作用下的变性特性，剪切位移曲线在开始阶段出现了斜率很小的情况，究其原因，主要是因为试件浇筑的并不是十分规整，在安装过程中没有完全闭合，施加剪切力的过程中，在剪切力较小的时候就产生了较大的水平位移，从而使得曲线的初始阶段比较平缓。图 2-11—图 2-19 为剪切试验得到的应力-位移曲线，曲线分为两种形式进行描述：一种是相同角度结构面试件在不同法向应力作用下的剪切位移曲线(图 2-11—图 2-15)；一种是相同法向应力作用下不同角度结构面试件的剪切位移曲线(图 2-16—图 2-19)，试验中所有的变形均以压缩为正，即压缩时变形增大。

结构面的剪切位移曲线一般都是非线性的，本次试验由于试验机刚度的原因，峰值后的数据点相对较少，没有很好地得到剪切位移全过程曲线，因此仅对剪切位移曲线峰值前的曲线进行研究分析。图 2-11—图 2-15 为同一角度结构面在不同法向应力条件下的剪切位移曲线，从图中可以明显看出如下一些特征：

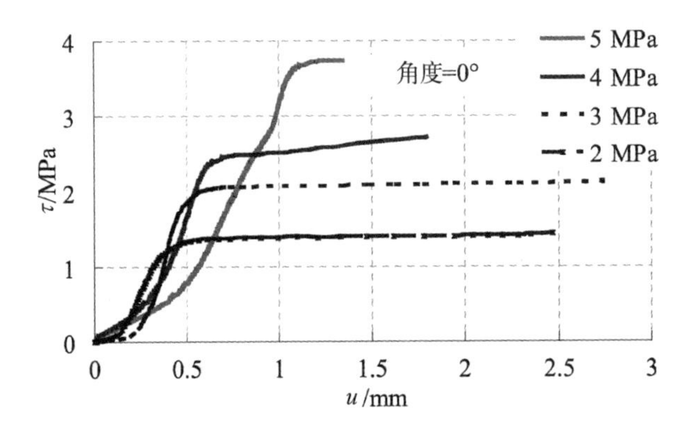

图 2-11　0°结构面剪切位移曲线

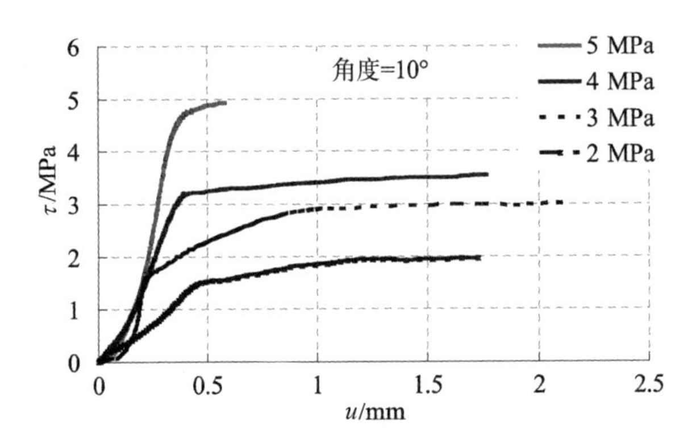

图 2-12　10°结构面剪切位移曲线

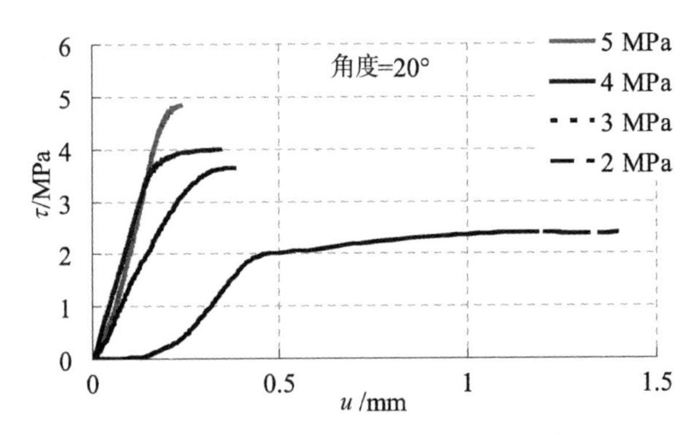

图 2-13　20°结构面剪切位移曲线

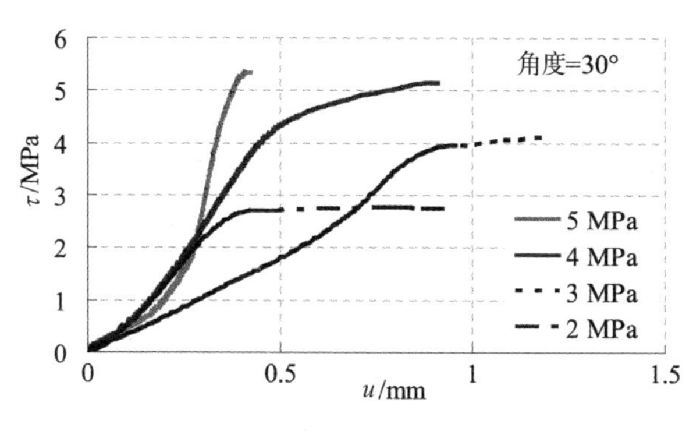

图 2－14　30°结构面剪切位移曲线

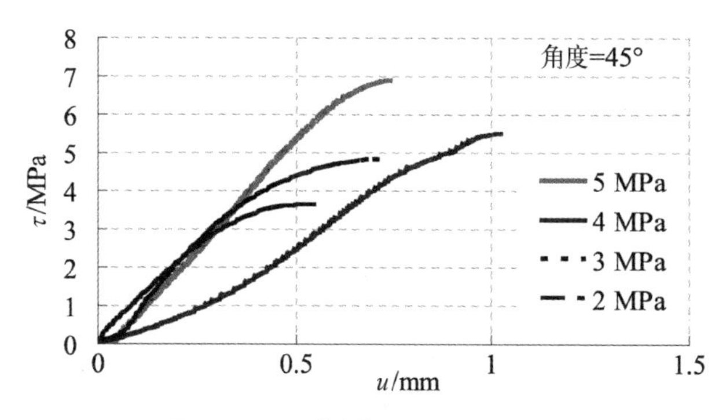

图 2－15　45°结构面剪切位移曲线

(1) 结构面角度相对较小的 0°、10°时，剪切位移曲线基本上表现为滑动型曲线，即使法向应力不断增大，曲线的形态依然没有发生大的变化。该类型剪切曲线在经过曲线的直线段之后，表现出明显的滑移特征，剪切位移不断增大，位移量基本都在 1.5 mm 以上，由此可见角度较小的结构面，在破坏过程中，爬坡磨损效应所占比重较大，而切齿效应则很少，破坏形式主要是由于爬坡或者磨损而造成的滑移破坏，剪切位移曲线受法向应力影响较小，主要跟结构面角度有关。同时还可以观察到，剪切位移曲线在弹性阶段的剪切刚度较为接近，随着法向应力的增大，剪切刚度并没有明显增加，可以近似地看作是常刚度曲线。

(2) 结构面角度有所增大时，20°、30°结构面试件剪切位移曲线形态则表现为既有滑动型又有剪断型，当法向应力较小时为滑动型曲线，法向应力较大时则表现为剪断型曲线。如结构面角度为 20°的试件，当法向应力为 $0.2\sigma_c$ 时，曲线形态表现为滑动型，剪切位移量大于 1.5 mm，此后曲线形态则表现为剪断型，剪切位移量小于 0.5 mm；结构面角度为 30°的试件，当法向应力小于 $0.3\sigma_c$ 时，曲线形态为滑动型，剪切位移量大于 1 mm，此后曲线形态转化为剪断型，当法向应力为 $0.5\sigma_c$ 时，剪切位移量只有 0.4 mm，结构面的刚度也随法向应力有一定的变化，20°、30°结构面的破坏过程中既有爬坡效应也有切齿效应，当法向应力较小时，结构面的爬坡效应比较明显，在爬坡过程中剪断齿尖后发生滑移破坏，而当法向应力较大时，结构面的爬坡效应受到限制，切齿效应明显增加，剪断齿状突出物发生的结构面破坏在剪切曲线形态上则主要表现为剪断型。

(3) 结构面的角度为 45°时，无论法向应力为多大，剪切曲线更多地表现为剪断型。试验过程中也可以看到 45°结构面试件基本上表现为剪断齿形突出物的切齿破坏，爬坡效应并不明显，曲线形态很好地说明了试验中观察到的现象。曲线峰值剪应变所对应的剪切位移的量级，与法向应力的关系不是很大，主要受结构面角度的影响，当结构面角度 $\beta < 20°$ 时，试件剪切位移的峰值多数大于1.5 mm，而当 $\beta \geqslant 20°$ 时，剪切位移的峰值则大多数在 0.4～1 mm 之间。

除了对同一角度结构面试件在不同法向应力作用下的剪切位移曲线进行研究之外，还绘制了同一法向应力下不同角度结构面试件的剪切位移曲线。图 2-16—图 2-19 为相同法向应力下不同角度结构面试件的剪切位移曲线，法向应力分别为$0.2\sigma_c$、$0.3\sigma_c$、$0.4\sigma_c$、$0.5\sigma_c$，同一法向应力下不同角度结构面试件的剪切位移曲线也表现出了很好的规律性。

相同法向应力下的结构面剪切位移曲线从另外一个角度反映了结构面的剪切位移特性，从图 2-16—图 2-19 中可以看出：

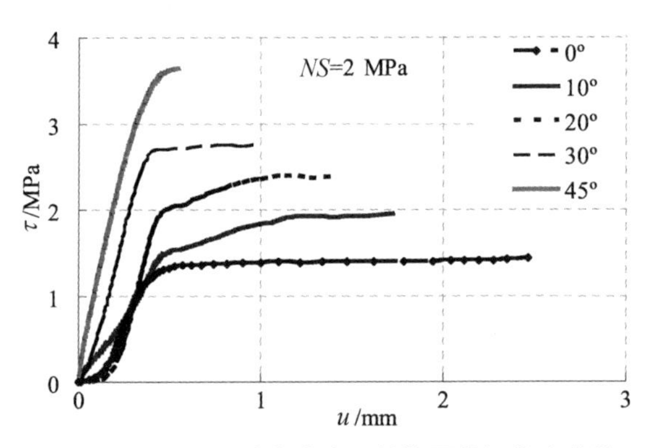

图 2-16　2 MPa 法向应力下结构面剪切位移曲线

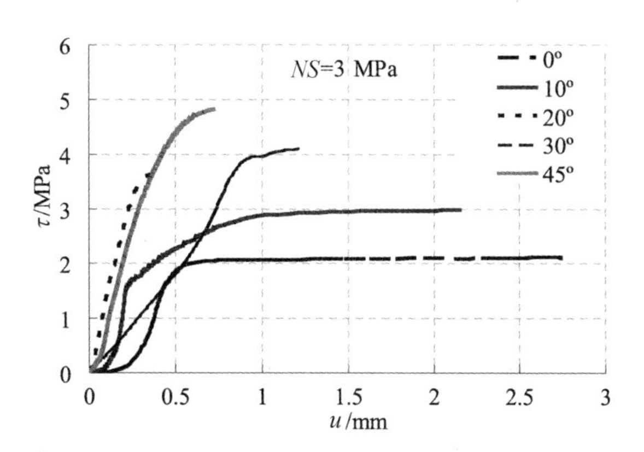

图 2-17　3 MPa 法向应力下结构面剪切位移曲线

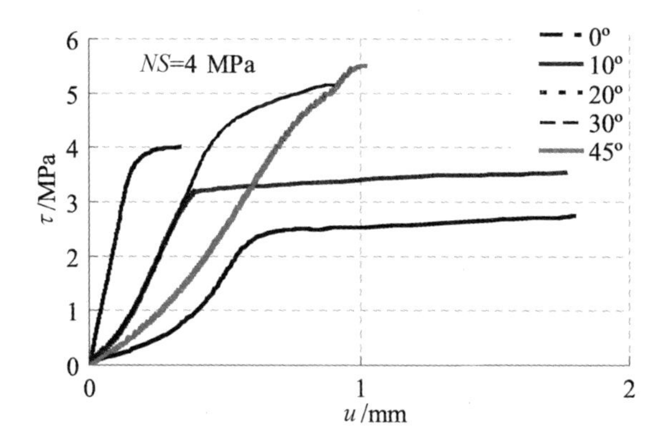

图 2-18　4 MPa 法向应力下结构面剪切位移曲线

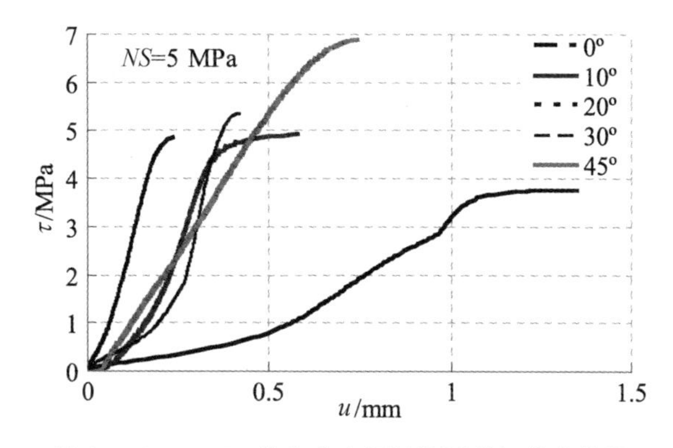

图 2-19　5 MPa 法向应力下结构面剪切位移曲线

(1) 当法向应力只有 $0.2\sigma_c$ 时，不同角度的结构面剪切位移基本上都为滑动破坏型，但 45°结构面剪切位移曲线仍然为峰值剪断型。结构面的峰值剪切位移随着结构面角度的增大逐渐减小，由 2.5 mm 减小到 0.5 mm，剪切位移曲线的斜率随着结构面角度的增大逐渐变大，说明结构面的剪切刚度也随着结构面角度的增大而逐渐增大。

(2) 当法向应力为 $0.3\sigma_c$、$0.4\sigma_c$ 时，结构面角度较小的 0°、10°结构面剪切位移曲线依然为滑动型曲线，而 20°、30°结构面的剪切位移曲线则逐渐向剪断型曲线过渡，45°结构面剪切位移曲线仍然为峰值剪断型，20°、30°结构面的峰值剪切位移有较大幅度的减小，剪切刚度有一定提高。在这里需要指出的是 20°结构面的剪切位移曲线，从图中可以明显看出 20°结构面的峰值剪切位移从之前的 1.5 mm减小到 0.5 mm，而剪切刚度甚至超过了 45°结构面，变化程度远大于 30°结构面，且多块 20°结构面试件均表现出这样的特性，笔者尚不能准确解释其中原因，初步认为可能是因为 20°结构面为一个过渡性的结构面角度，结构面爬坡位移和突出物变形在此时量级转换所造成的形态比较复杂，变形特性变化比较大，其中机理还需要进一步研究。

(3) 当法向应力为 $0.5\sigma_c$ 时，除 0°结构面试件外，无论何种爬坡角度结构面剪切位移曲线均表现为剪断型，此时法向应力对剪切曲线的类型起主要作用，法向应力大大限制了结构面的爬坡效应，结构面大多为切齿形破坏，结构面的峰值剪切位移都大幅度减小，剪切刚度也有明显提高，且剪切刚度的大小趋于接近，不再呈现出随结构面角度的变化而变化的特性，此时结构面的强度特性更多的体现了试样材料的特点。

结构面剪切位移曲线的类型主要与结构面角度和法向应力的大小有关，本质上是因为结构面角度和法向应力会决定结构面在剪切过程中的破坏类型，结构面破坏过程中的爬坡效应和切齿效应不断发生变化，从而导致了剪切曲线类型的变化，剪切曲线很好地反映了结构面的破坏特征。综合所有剪切位移曲线的特征可以看出，结构面剪切位移曲线大致可以分为三个阶段：第一个阶段称为弹性变形阶段，此阶段法向和剪切方向同时发生变形，但变形量都不是很大，剪切应力的增长十分迅速，剪切变形与剪切力基本成线形关系；第二阶段为过渡阶段，它的形状比较复杂，主要取决于正应力的大小和结构面角度的大小(也就是结构面的表面形态)，当结构面角度较小或法向应力较低时，这一过渡阶段可能是一个比较陡的转折角或者一个转折点，当法向应力较高时，这一过渡阶段则为一个弧形线段，因为结构面表面可能发生强化效应，剪应力继续增大；第三阶段则为滑移阶段或者剪断阶段，这一阶段剪应力的变化很小，而切向变形则迅速增大，增大的量级随结构面角度的不同有所不同，法向变形则取决于结构面的表面特征，可能向上也可能向下。

2.3.3　规则齿形结构面剪切位移曲线经验公式

在结构面剪切试验过程中，先对结构面施加法向力到预定值，然后施加剪切力，得到结构面剪切位移曲线，由于结构面的多样性，使得剪切位移曲线很难有普遍的规律性，很难用统一的本构方程进行描述。在剪应力达到岩壁的屈服应力之前，结构面的上下接触面处于一种相对稳定的接触状态，存在非零的切向刚度，产生小的弹性变形。在切向应力达到峰值点之前的黏接阶段时，切向应力与位移表现出有渐近线的曲线，此时进入弹塑性阶段，如果试件尺寸较大，或者扩容角很小，剪切峰值不突出，则这一曲线更为明显。结构面的剪切位移曲线一般都是非线性的，通常只对剪切曲线峰值前一段进行拟合[179]，常用的形式如下[180-181]：

$$\tau = \frac{\delta_s}{m + n\delta_s} \tag{2-12a}$$

或

$$\delta_s = \frac{m\tau}{1 - n\tau} \tag{2-12b}$$

式中，m，n 均为经验参数。

笔者在对试验结果进行计算分析，并参照以前经验本构模型的基础上，认为采用如下函数形式式(2-13)能对本次试验结果进行拟合分析：

$$\tau = \frac{u}{a \cdot u^n + b} \tag{2-13}$$

式中，τ 为剪应力；u 为剪切位移；a，b，n 是与结构面剪切位移曲线形态有关的经验系数。根据曲线形态以及参数的物理意义，可以认为 a 是与结构面粗糙度有一定关系的参数，n 为曲线调整指数，$1/b$ 为结构面剪切位移曲线的初始斜率，也就是说与结构面的初始剪切刚度有关的参数。

本次研究采用数值分析软件 origin 对试验数据进行分析，试验数据的拟合结果如表 2-5 所示，拟合结果示意图如图 2-20—图 2-24 所示。从拟合结果可以看出，经验模型与快剪试验结果拟合得非常理想，这表明该经验模型在拟合不同爬坡角度齿形结构面的剪切位移曲线上具有相当的准确性。此外，从表中可以看出，参数 a 的数值随着爬坡角的增大而逐渐减小，与结构面的爬坡角或者粗糙度基本呈线性关系，b 值随着法向应力的增大有逐渐增大的趋势，也就是说结构面剪切位移曲线的初始刚度随着爬坡角的增大是逐渐增大的，符合试验当中观察到的现象。需要指出的是经过拟合计算，指数 n 的值大多数在 2 左右，也就是说剪应力与剪切位移的二次方存在有较好的函数关系，至于为何会存在如此关系，尚需要对其中机理进行进一步的试验研究。

表 2－5　结构面剪切试验拟合结果

爬坡角/(°)	法向应力/MPa	a 值	b 值	n 值	a 均值	b 均值	n 均值	R 值
0	5	0.188 9	0.132 8	3.111 6	0.437 4	0.037 1	4.579 1	0.995 3
	4	0.369 6	0.012 4	4.137 4				0.993 1
	3	0.477 9	0.000 6	6.886 9				0.998 7
	2	0.713 1	0.002 5	4.180 7				0.999 7
10	5	0.180 2	0.001 1	3.747 7	0.322 6	0.022 2	2.397 4	0.994 7
	4	0.279 4	0.003 9	2.885 7				0.994 3
	3	0.342 1	0.013 2	2.345 0				0.985 8
	2	0.488 6	0.052 2	1.961 4				0.995 8
20	5	0.128 3	0.003 6	1.998 7	0.240 7	0.005 4	2.449 5	0.997 6
	4	0.203 9	0.003 9	1.725 9				0.994 9
	3	0.198 2	0.012 9	1.635 9				0.998 9
	2	0.432 6	0.001 4	5.193 6				0.998 1
30	5	0.113 4	0.001 5	4.167 4	0.180 6	0.040 0	2.885 2	0.991 7
	4	0.170 6	0.013 5	2.325 9				0.997 6
	3	0.111 4	0.138 9	1.548 8				0.991 9
	2	0.327 1	0.006 3	2.586 1				0.994 1
45	5	0.077 9	0.037 3	1.571 8	0.127 9	0.044 5	1.618 1	0.999 3
	4	0.102 2	0.076 0	1.916 2				0.998 9
	3	0.174 7	0.015 4	1.848 2				0.999 8
	2	0.156 5	0.049 3	1.136 3				0.998 1

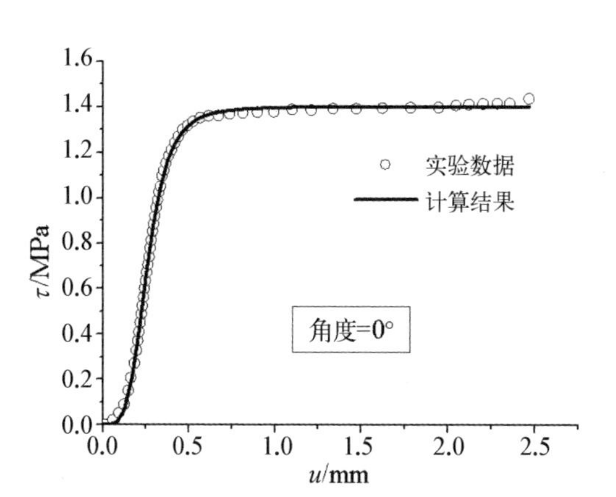

图 2-20　0°结构面剪切曲线拟合结果

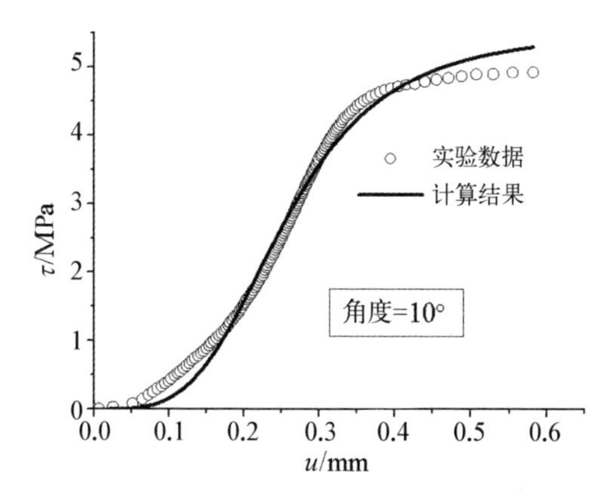

图 2-21　10°结构面剪切曲线拟合结果

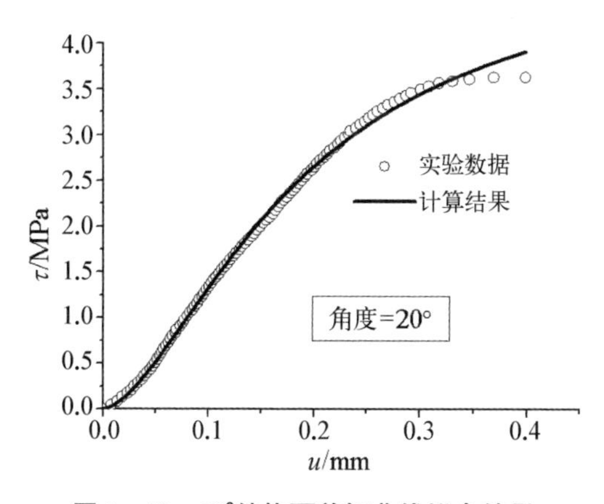

图 2-22　20°结构面剪切曲线拟合结果

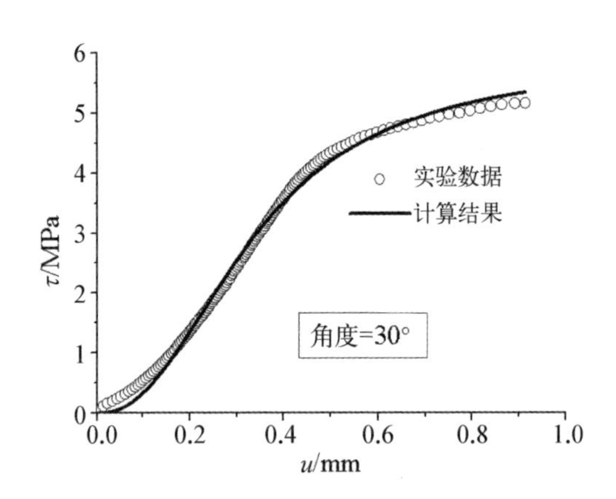

图 2-23　30°结构面剪切曲线拟合结果

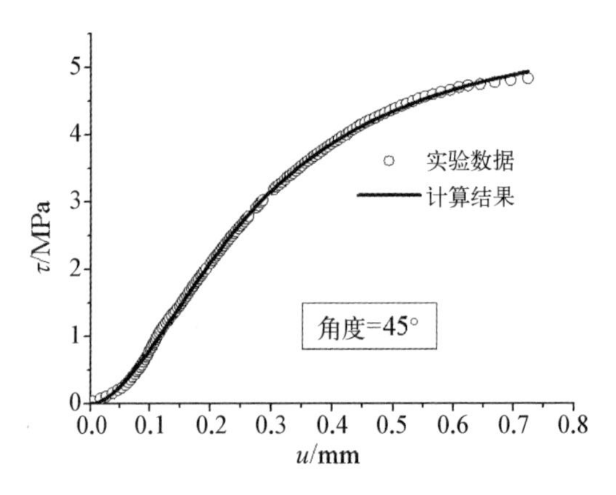

图 2-24　45°结构面剪切曲线拟合结果

模型中参数 a 与参数 n 的值与结构面角度的关系如图 2-25 所示，从图中可以很清楚地看出，a 值随着结构面角度的增大逐渐减小，并且表现出较好的线性关系，可见 a 值是与结构面粗糙度有一定的关系的参数。n 值与 a 值有所不同，n 值在结构面角度较小的 0°结构面试件时比较大，而在结构面角度较大的 45°结构面试件时比较小，在中间几种角度的结构面试件时，n 值则比较稳定。b 值的变化复杂一些，b 值的大小不仅与结构面角度有关系，还跟法向应力的大小有关系，变化规律并不是十分明显，总体上来讲，b 值随着法向应力的增大有逐渐增大的趋势，随着结构面角度的增大也有增大的趋势，与结构面剪切刚度的变化规律比较一致。

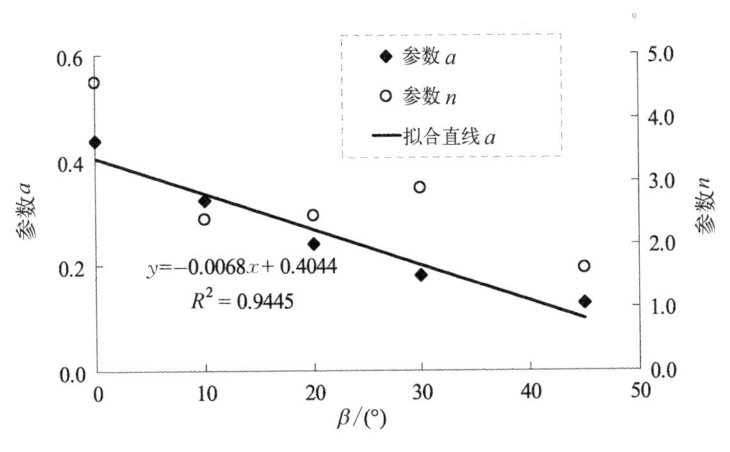

图 2－25　*a* 值、*n* 值与结构面角度关系

2.3.4　规则齿形结构面剪切扩容特性分析

由于结构面岩体表面通常是粗糙、起伏不平的，因此就会产生在剪切方向发生位移的同时，使法向也发生相对位移，即出现扩容现象。扩容现象源于结构面不规则的表面形态，它将结构面法向与切向的相对位移耦合起来，同时对切向位移过程中的应力产生影响。在剪切过程中，由于突出体相互啮合，应力集中效应增强。因此，将会出现被剪断的接触面，从而使扩容角减小。在进行规则齿形结构面的剪切试验时，不仅可以得到剪切变形，还可以观察到结构面的法向变形也将发生变化。如果将结构面的剪切变形和法向变形分别作为横坐标和纵坐标，就可以获得一条反映结构面扩容特性的曲线，即结构面的剪切扩容曲线，曲线反映了结构面的非线性体积膨胀，结构面在剪切过程中，沿爬坡角斜面的爬坡效应，使得试样体积有所增大，产生了扩容现象。本次结构面剪切试验的量测系统可以同时获得剪切过程中的水平位移和竖向变形，进而得到结构面在不同法向应力剪切条件下的扩容曲线，如图 2－26—图 2－30 所示。

从图中可以看到，不同角度的结构面扩容特性存在明显的差别，扩容曲线各不相同，主要有以下一些特点：

(1) 0°结构面在不同法向应力剪切条件下几乎不发生扩容现象，而存在明显的体积压缩，不过当法向应力比较大，如 $0.4\sigma_c$ 的时候，也出现了体积扩容。0°结构面的扩容特性与其他角度结构面存在较大的不同，主要原因是由于 0°结构面的扩容是由于材料内部裂缝产生、扩展和连通而造成，而其他角度的扩容现象则主要是因为爬坡效应造成，说明结构面的剪切扩容特性与结构面表面形态有

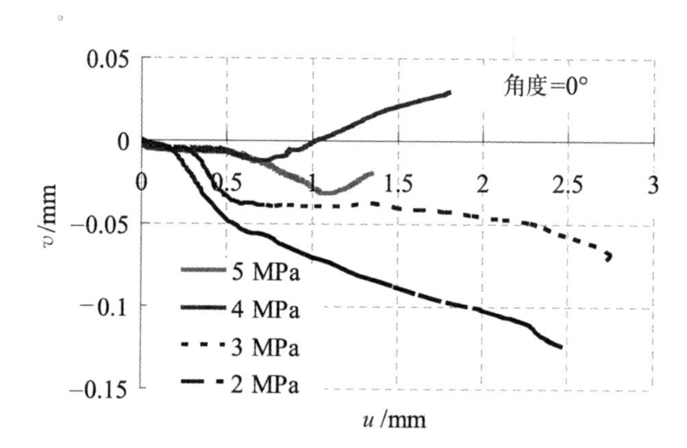

图 2-26　0°爬坡角结构面剪切扩容曲线

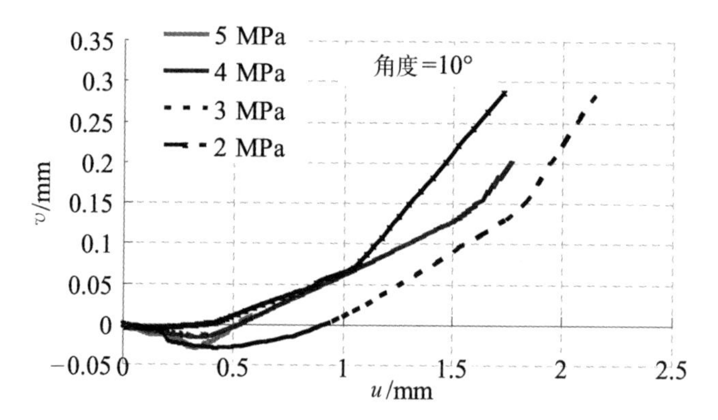

图 2-27　10°爬坡角结构面剪切扩容曲线

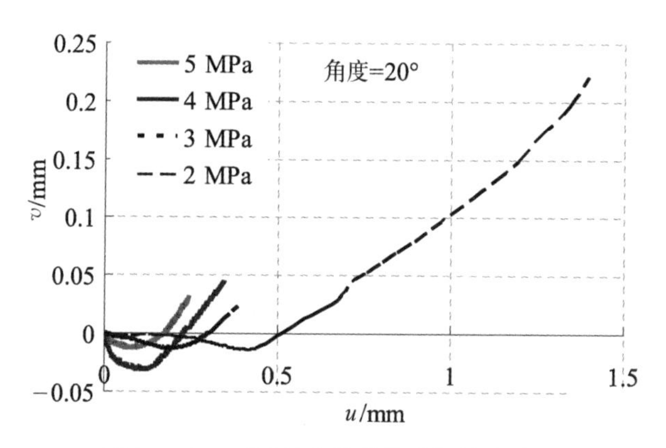

图 2-28　20°爬坡角结构面剪切扩容曲线

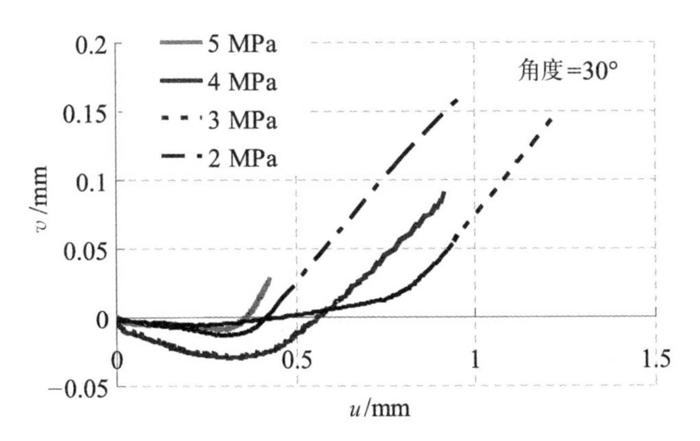

图 2 - 29　30°爬坡角结构面剪切扩容曲线

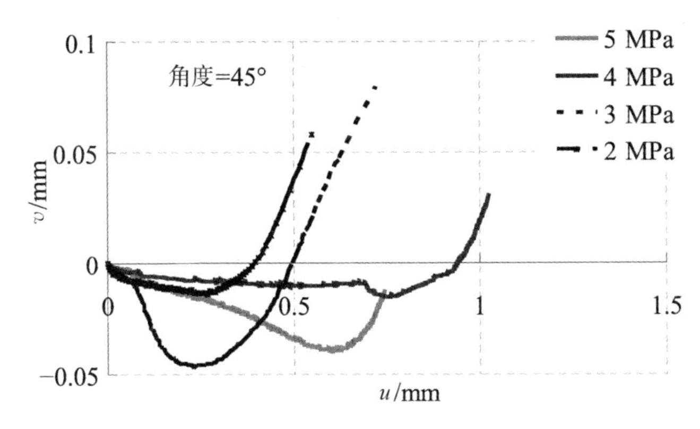

图 2 - 30　45°爬坡角结构面剪切扩容曲线

密切关系，结构面表面形态的不同会造成结构面破坏机理的不同。

(2) 10°、20°、30°结构面在剪切过程中均存在不同程度的扩容，其中 10°结构面的扩容现象最为明显，在不同的法向应力下，均存在较大的体积膨胀，主要是因为该角度的结构面在剪切过程中为爬坡滑移破坏，爬坡效应非常显著，使得法向变形也比较大，20°、30°结构面的扩容现象也较明显，但扩容量有一定程度的减少，同一角度结构面的扩容量随法向应力的不同而有所区别，20°结构面的扩容曲线显得更为特别一些，除了在 2 MPa 法向应力下扩容量比较大之外，在其余不同法向应力下的扩容量都比较小，且相互之间差别不大。

(3) 45°结构面的扩容现象进一步减弱，扩容量也有较大幅度的减少，一般情况下只有 10°结构面的 20%，这与它的破坏模式有很大关系，由于 45°结构面的爬坡效应显著减少，主要为切齿形破坏，造成它的法向变形也比较小，因而扩容量也相对比较少。

从不同角度的结构面扩容曲线可以看出，扩容曲线的平均爬坡角不随法向应力的变化而变化，与法向应力的大小无关，相同角度结构面的平均爬坡角基本都是一样的，这说明结构面的扩容现象主要是由于结构面在剪切过程中沿突出物的爬坡效应产生的，而不是因为材料内部裂缝产生、扩展和连通而造成的，这与完整岩石的扩容现象存在本质的不同。结构面的扩容量与法向应力大小有关，在10°、20°、30°结构面表现得尤为明显，扩容量随着法向应力的增大而减小，主要是由于法向应力的增大限制了结构面的爬坡效应。

图2-31—图2-34是相同法向应力条件下，不同角度结构面的剪切扩容曲线，从图中可以看到，除了0°结构面之外，其他角度的结构面扩容现象随着爬坡角的增大在逐渐减弱，扩容量也是随着爬坡角的增大逐渐减少，扩容曲线平均爬坡角是随着结构面角度的增大而增大的。法向应力对于结构面的扩容特性也有非常重要的影响，当法向应力比较小，$0.2\sigma_c$ 的时候，各种角度结构面均存在不同

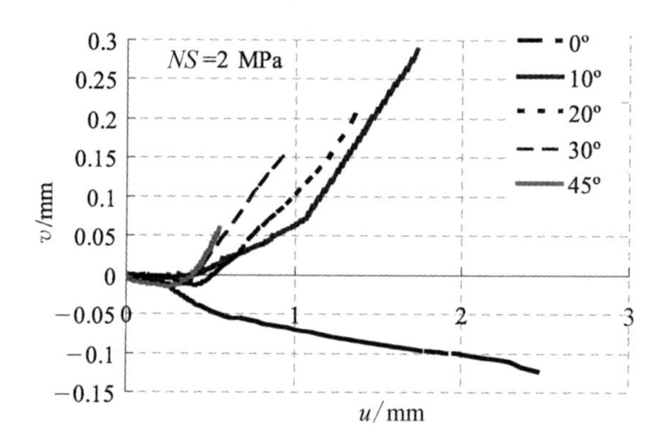

图2-31　2 MPa法向应力下结构面剪切扩容曲线

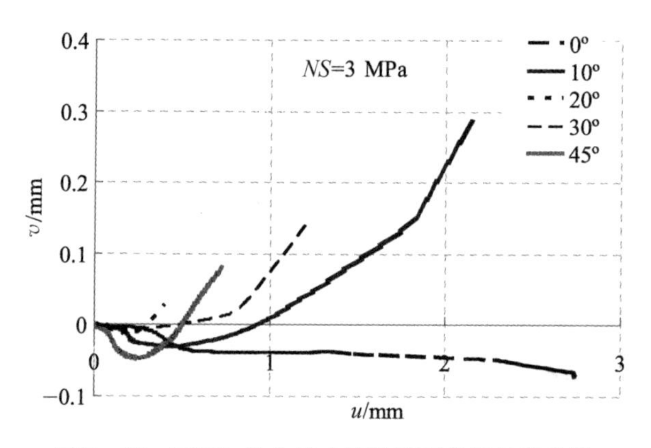

图2-32　3 MPa法向应力下结构面剪切扩容曲线

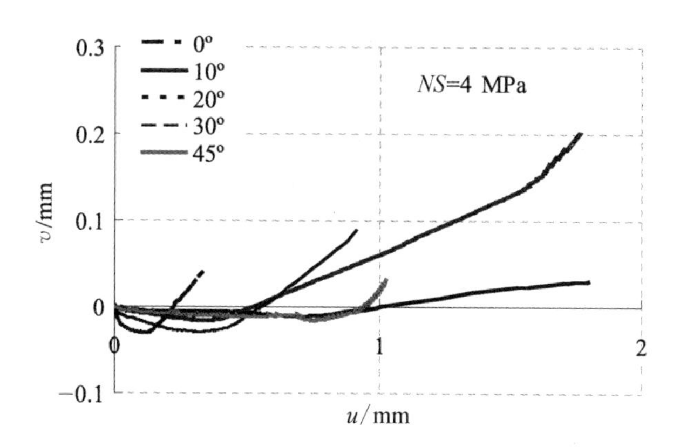

图 2－33　4 MPa 法向应力下结构面剪切扩容曲线

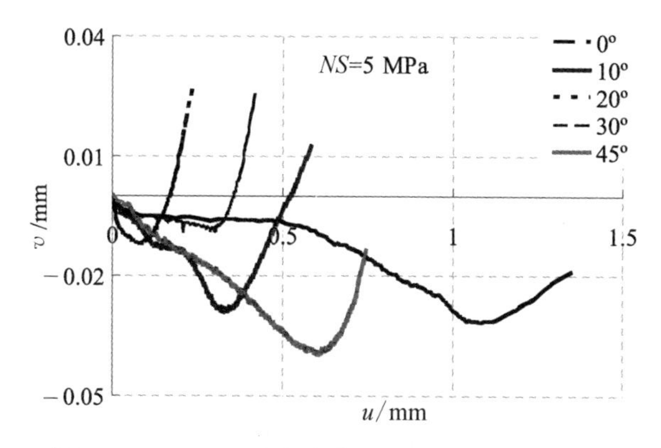

图 2－34　5 MPa 法向应力下结构面剪切扩容曲线

程度的扩容，且扩容量比较大，主要是因为法向应力较小时结构面的爬坡效应会比较明显，当法向应力为 $0.3\sigma_c$、$0.4\sigma_c$ 的时候，不同角度结构面的扩容性质开始有一定分化，也反映出此时结构面在剪切过程中爬坡效应和切齿效应所占比重各不相同，扩容特性也差别很大。在当法向应力为 $0.5\sigma_c$ 的时候，结构面的扩容量大幅减少，平均扩容量只有法向应力为 $0.2\sigma_c$ 时的 10%，45°结构面已经几乎没有扩容现象，同时可以看到结构面在剪切初始阶段的体积压缩非常明显，说明在法向应力较大的情况下，结构面在剪切过程中的切齿效应显著增大，爬坡效应则明显减少。

观察结构面的扩容曲线，可以将结构面的剪切扩容曲线分成三个阶段：施加剪切力的初始阶段，结构面试样处于体积压缩阶段，扩容曲线向上呈斜率逐渐减小的非线性增长，此阶段法向和剪切方向同时发生压缩变形，但变形量都不是很大，剪切应力的增长十分迅速；接下来为试样体积的匀速增大阶段，此时扩容曲线向下呈线性增长，剪切变形继续增大，而法向变形则由于爬坡效应向上发展，曲线的斜率即为结构面的平均爬坡角；在达到剪切力的峰值之前的一个阶段，扩容曲线向下增长的斜率开始增大，此时由于结构面表面发生强化，切齿效应有所减弱，剪切变形增长速度变慢，爬坡效应有所增强，法向变形继续向上发展，直至试样发生破坏。结构面的扩容曲线很好地反映了结构面在剪切过程中，剪切变形和法向变形的发展情况，从而反映了试样体积的变化情况。

2.4 本章小结

为了获得结构面的强度性质参数和建立结构面的剪切本构关系，获得结构面变形和强度性质指标，本章首先通过规则齿形结构面在不同法向应力下的剪切试验，对其力学特性进行了基础性研究，阐述了规则齿形结构面在剪切条件下力学特性的主要特征，以及其强度、变形等力学特性的主要规律，具体研究成果如下：

(1) 结构面在剪切过程中，结构面的破坏往往都是既有爬坡效应又有切齿效应，而不是发生单一的爬坡效应或切齿效应，爬坡效应和切齿效应的变化情况随着结构面角度的不同而不同，根据试验数据及相关曲线，可以总结出一个与Patton公式形式相似的经验公式。

(2) 根据结构面剪切试验结果，求得规则齿形结构面试样的粗糙度系数，从理论上更为直观地反映出规则齿形结构面的表面形态特征，从结构面粗糙度系数的计算公式可以知道，*JRC* 与结构面角度是呈线性关系的。

(3) 规则齿形结构面快剪试验破坏试样的观察结果表明，试样的剪切破坏主要有两种类型：一是爬坡滑移破坏；二是剪断破坏。根据结构面的剪切位移曲线，在到达峰值强度之前，试样的剪切力和变形曲线可以近似认为是线性，利用结构面抗剪强度与结构面角度的关系式，提出结构面剪切刚度模型，并进行拟合计算。

(4) 结构面剪切位移曲线的类型主要与结构面的角度和法向应力的大小有关，本质上是因为爬坡角和法向应力会决定结构面在剪切过程中的破坏类型，结构面破坏过程中的爬坡效应和切齿效应不断发生变化，从而导致了剪切曲线类型的变化，结构面剪切位移曲线大致可以分为三个阶段，在参照以前经验本构模型的基础上，提出一个剪切位移经验公式对剪切曲线峰值前一段进行拟合分析。

(5) 结构面的扩容曲线很好地反映了结构面在剪切过程中，剪切变形和法向变形的发展情况，从而反映了试样体积的变化情况，观察结构面的扩容曲线，可以将结构面的剪切扩容曲线分成三个阶段。

第3章 规则齿形结构面的剪切蠕变特性研究

岩体的破坏机制在很大程度上受结构面的控制，结构面的破坏不是短期突然的脆性破坏，而是在长期荷载作用下，经过几年甚至几十年的蠕变、应力松弛直到最后破坏。岩体中“累进性破坏”的主要因素就是结构面的蠕变破坏，有的甚至起控制作用。工程中的结构面大多处于压剪应力场中，随着外加荷载的增加，结构面经历闭合和摩擦滑动，从而引起压剪起裂并形成分支裂纹，当分支裂纹扩展到某一时刻，由于裂纹间的强烈相互作用，最终导致岩体贯通，岩体局部失稳破坏而形成局部的宏观断裂带。关于结构面的蠕变特性研究，通常的观点认为通过 Burgers 模型可以较好地反映结构面的蠕变特性，也有学者认为结构面的加速蠕变有别于完整岩石，其蠕变破坏呈现出更明显的瞬态特征，持续的过程极为短暂，在蠕变过程中，基本不会出现加速蠕变阶段。研究岩体结构面的蠕变特性，就是为了搞清在长期荷载作用下，岩体结构面的变形机理，发展破坏过程与时效特性。本章采用规则齿形的水泥砂浆结构面试件，对硬性结构面的蠕变特性进行基础性研究，通过大量结构面的剪切蠕变室内试验，研究不同角度结构面的剪切蠕变特性，分析不同角度结构面蠕变过程中的蠕变速率特性，建立了描述岩体结构面流变特性的改进 Burgers 模型，并对改进 Burgers 模型进行了讨论，得出岩体结构面本构关系的一般规律性。

3.1 试验概况

本次结构面剪切蠕变试验所采用的试验机与第 2 章的结构面剪切试验相同，都为长春试验机研究所研制的 CSS－1950 型岩石双轴流变试验机，试样为规则齿形结构面的水泥砂浆试件，可以分为 10°、20°、30°、45°四种角度的结构面，试样的制作过程及具体情况与结构面剪切试验相同，试验机及试样详细情况见 2.1 章节。

为确定岩体结构面的蠕变参数及变形机理，试验选择规则齿形结构面的剪切蠕变试验。由于一次连续加载方式所需时间较长，而且剪切蠕变荷载难以精确确定，往往因为设计的试验荷载过高而使试样在加载过程中破坏，或者过低而使试样在相当长的时间内不破坏，效果很不理想。因此，试验采用分级加载方式，从某一应力开始逐级增加荷载，直至结构面破坏，分级加载方式用于岩体结构面蠕变特性的研究是非常有效的，它能够极大地提高试验的成功率。试验过程中室内温度恒定，可以忽略温度变化的影响。对不同爬坡角和不同剪应力的试验，施加相同的垂直荷载并在试验中保持恒定，以利于试验数据的分析。垂直荷载按相同结构面试件的单轴抗压强度的平均值的 5% 和 15%。剪应力的水平级别为相同的结构面试件在试验对应轴向压力下极限抗剪强度的 70%、80%、90%、95%。试验在每一级剪切荷载作用下的维持时间为 7 天左右，且试件的蠕变变形达到稳定，试验的受力状态及加载情况如图 3-1 所示。

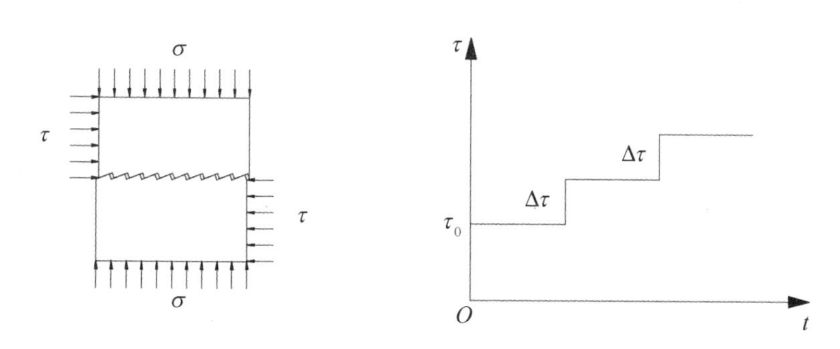

图 3-1　试件受力情况及蠕变曲线加载

在进行结构面的剪切蠕变试验之前，首先要确定试样材料的物理力学参数，试验中所有的变形均以压缩为正，即压缩时变形(应变)增大。在每批试件中选取一块立方体试件，做单轴无侧限极限抗压试验，量测试验中试件的轴向和侧向变形量，计算试验材料的单轴抗压强度、弹性模量和泊松比等参数，为剪切蠕变试验提供依据。本次试验共选取 8 块立方体试样进行试验，获得试样的应力-应变曲线，根据试验曲线及试验数据确定材料的单轴抗压强度、弹性模量和泊松比，单轴抗压试验结果如表 3-1 所示。

表 3-1 试样材料单轴极限抗压强度试验结果

	试样 1	试样 2	试样 3	试样 4	试样 5	试样 6	试样 7	试样 8
极限抗压强度 σ_c/MPa	15.1	16.2	17.0	14.2	14.0	14.3	17.2	14.6
弹性阶段应力 $\Delta\sigma$/MPa	10.0	8.47	11.2	10.4	9.8	5.6	11.8	9.36
弹性阶段应变 $\Delta\varepsilon(10^{-3})$	1.27	1.63	2.38	2.26	1.84	0.84	2.29	1.64
弹性模量 E/GPa	7.87	5.20	4.71	4.60	5.33	6.67	5.15	5.71

由上表及试验数据可以得到试样材料的单轴抗压强度为 15 MPa，弹性模量为 5.7×10^3 MPa，泊松比为 0.28。对不同角度的结构面试件分别取 1～2 个试件做单轴抗压试验，量测轴向变形。根据试验结果确定试件的单轴极限抗压强度，并取其平均值 σ_c 作为本蠕变试验确定轴向应力的标准，根据试验结果（表 3-2），结构面试件的单轴抗压强度为 12.0 MPa，因此确定蠕变试验中轴向压力为 5%单轴抗压强度时的轴向荷载为 6 kN，轴向应力为 15%单轴抗压强度时的轴向荷载应为 18 kN。

表 3-2 结构面试件单轴极限抗压强度试验结果

试件爬坡角	10°	20°	30°	45°	σ_c 平均值/MPa
最大轴向负荷 /kN	110	122	118	130	—
单轴抗压强度 /MPa	11.0	12.2	11.8	13.0	12.0

在进行蠕变试验之前对结构面在轴向荷载分别为 6 kN 和 18 kN 时的抗剪强度值进行确定，首先参照第 2 章的快剪试验结果，通过计算得到各角度结构面试件在 6 kN 和 18 kN 时的抗剪强度值；然后取各种爬坡角结构面一组，安装于试验机上，在垂向施加 6 kN 和 18 kN 荷载，等荷载稳定后，沿爬坡角方向逐渐增加剪切荷载，直至试件破坏，同时，量测结构面试件试验过程中的垂向和切向变形，并由试验数据确定结构面在该垂向压力下的极限抗剪强度及其对应的荷载。对比计算得到的抗剪强度值和试验得到的抗剪强度值，最终确定结

构面剪切蠕变试验的应力分级(表 3 - 3),本次结构面剪切蠕变试验按照以下过程进行:

(1) 取相同规格的结构面试件一组,首先施加法向应力,读取变形数据,当法向变形稳定时开始沿结构面爬坡角方向施加剪切应力,并维持该荷载,试验过程中尽量保持实验室的恒温恒湿环境,避免周围环境的振动和干扰;

(2) 每施加一级剪切荷载时立即测读瞬时位移,然后于一定时间间隔内测读剪切蠕变值,设置计算机在变形初期加密观测次数,在趋于基本稳定时,设置计算机每隔 1 小时读取数据一次,尽量保证最后一级剪应力时结构面出现蠕变破坏;

(3) 测量每级剪应力作用下结构面的蠕变变形,直至该变形趋于稳定,每级荷载维持 7 天,直至试件破坏,在试验的过程中记录结构面试件在剪力方向和垂向的荷载和变形等参数值;

(4) 在实验过程中按试验机荷载控制精度要求的范围内不断调整法向荷载和剪切荷载,使之保持稳定;

(5) 参考《水利水电工程岩石试验规程》(SL264—2001)的规定,试验每级荷载维持 7 天,当结构面的剪切蠕变变形趋于稳定时,开始施加下一级剪切力,直至试件破坏;

(6) 施加最后一级剪切荷载时,当发现剪切蠕变位移随时间有迅速增长的趋势时,应当设置计算机增加观测次数以反映最后的蠕变破坏阶段。

表 3 - 3　各试件试验情况汇总

试件编号	爬坡角/(°)	轴向荷载/kN	剪力级别	剪切荷载/kN	应力维持时间/h	累积时间/h	破坏剪力/kN
10 - 1	10	6.0	一	3.88	181	774	6.25
			二	4.47	156		
			三	5.01	181		
			四	5.30	171		
			五	5.56	85		
10 - 2	10	18.0	一	15.59	181	711	22.0
			二	17.82	155		
			三	20.11	301		
			四	21.25	174		

续　表

试件编号	爬坡角/(°)	轴向荷载/kN	剪力级别	剪切荷载/kN	应力维持时间/h	累积时间/h	破坏剪力/kN
20-1	20	6.0	一	5.27	170	501	7.5
			二	6.75	178		
			三	7.50	153		
20-2	20	18.0	一	14.12	166	668	22.0
			二	16.17	170		
			三	18.24	178		
			四	20.31	154		
30-1	30	6.0	一	6.62	161	472	9.5
			二	7.62	168		
			三	8.62	143		
30-2	30	18.0	一	18.96	158	658	27.0
			二	21.65	168		
			三	24.41	165		
			四	27.21	167		
45-1	45	6.0	一	9.90	166	291	14.0
			二	11.30	125		
45-2	45	18.0	一	25.71	143	451	36.5
			二	29.30	138		
			三	33.42	170		

3.2 试验结果

本试验共进行了8组结构面试件的蠕变试验，试验数据量大，由于试验机的数据采集系统问题，使得试验数据中存在许多干扰因素，需要先对变形进行整理，数据处理主要依据Boltzmann叠加原理进行，并结合相关的数据处理方法。结构面蠕变特性通常由曲线的特性来描述，可以大致概括为以下几方面的关系：同一试件条件下的变形与历时时间的关系曲线；各级剪切力水平下的变形与历时时间的关系曲线；同级荷载下剪切蠕变速率变化曲线等。图 3－2—图 3－5 为不同角度结构面剪切蠕变试验的剪切蠕变全过程曲线。

从试验结果及试验曲线可以看到，结构面剪切蠕变变形与剪切力的水平有较大关系，剪应力级别较高时，蠕变变形明显增大；不同角度的结构面蠕变变形主要与剪应力的大小有关，而与结构面的角度关系不大。在恒定剪切力作用下，剪切变形随时间而增加，但变形速率随时间而减小，并最终趋于稳定。通常，从初始蠕变到变形趋于稳定需要持续一段时间，持续时间的长短与剪切力水平有关。试验采用的是分级加载的方式，每个试样第一级荷载的变形量都比较大，比后面级别的荷载要大一个数量级，主要原因还是试样加工的问题，由于结构面角度闭合得不是十分密实，导致在施加第一级荷载的初始阶段，瞬时变形量比较大，此时的变形量有很大一部分是闭合结构面角度的变形量，而并不是结构面的真实变形。在恒定的法向力水平下，随着剪应力的增加，岩体结构面的瞬时剪切变形逐渐增大，同时蠕变变形也有所增大。从试验

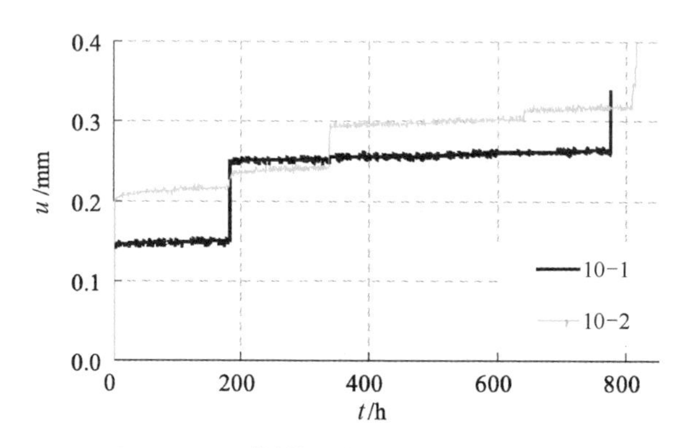

图 3－2　10°结构面剪切蠕变全过程曲线

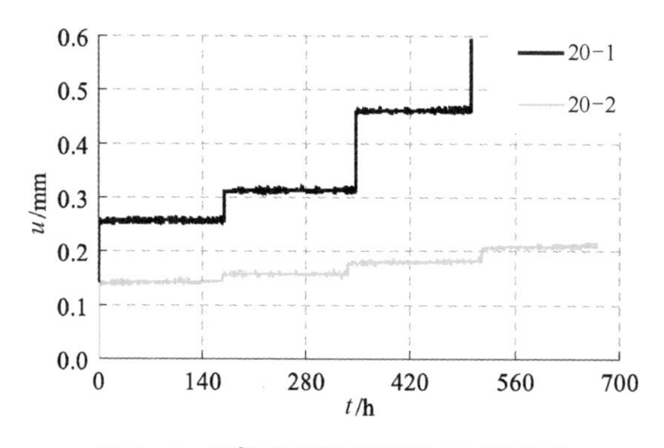

图 3－3　20°结构面剪切蠕变全过程曲线

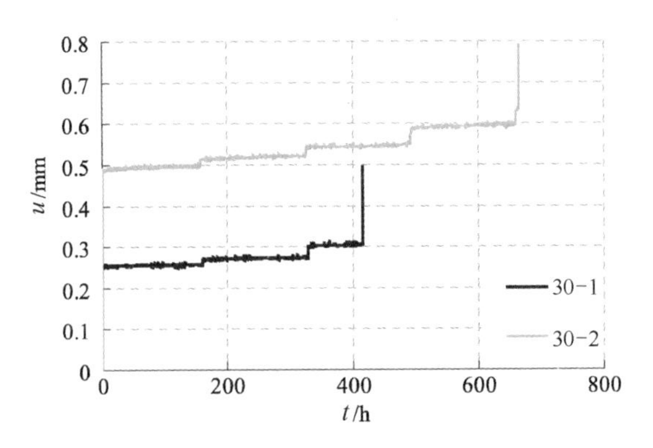

图 3-4　30°结构面剪切蠕变全过程曲线

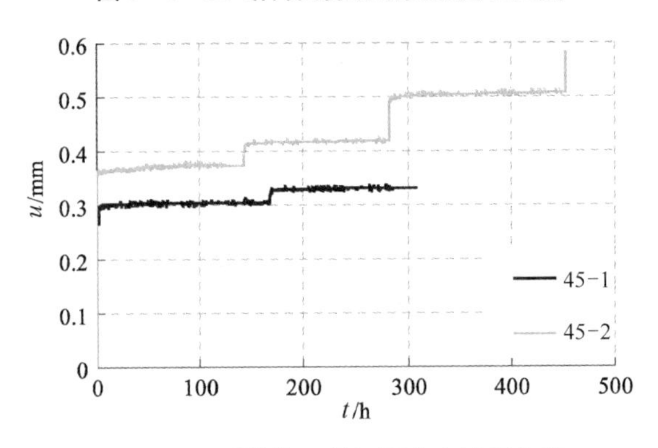

图 3-5　45°结构面剪切蠕变全过程曲线

结果还可以看出法向力越大，使结构面发生蠕变破坏所需的剪切力也越大，结构面的剪切蠕变变形也越大，观察各个角度的结构面蠕变曲线，18 kN 法向力条件下的蠕变变形比6 kN法向力水平下要大 0.1～0.2 mm，但是 20°结构面试件的剪切蠕变变形出现特殊情况，6 kN法向应力条件下的蠕变变形比 18 kN 法向力水平下反而要更大一些，结构面蠕变破坏不仅与剪切力的大小有关，也与法向力的大小有关。

岩体结构面的变形破坏机理与完整岩石的破坏机理有所不同，从曲线形态上看，完整岩石蠕变发展过程可分为三个阶段：第一阶段初始蠕变，此阶段蠕变曲线斜率逐渐减小，蠕变速率随时间迅速衰减；第二阶段稳态蠕变，蠕变速率基本保持恒定；第三阶段加速蠕变，蠕变速率逐渐增大导致岩石最终破坏。岩体结构面在剪切力较小的情况下，剪切蠕变曲线经历瞬时应变、初始蠕变和稳态蠕变；瞬时蠕变主要为结构面材料的弹性变形，初始蠕变的蠕变速率迅速衰减，经过一段时间后，结构面的蠕变过渡到稳态蠕变阶段，结构面在蠕变试验过程中，严格意义下的稳态蠕变是不存在的，常说的稳态蠕变实际上是蠕变速度随时间缓慢减小的近似稳态蠕变过程，而最终趋于稳定或者破坏。岩体结构面没有明显的加速蠕变阶段，而是当剪切力增加到某一值时，结构面出现迅速滑移而达到破坏，破坏过程极为短暂。造成这一现象的原因是两者的蠕变破坏机理不同：岩石在恒定外荷载作用下的蠕变破坏是微裂隙的不断发展和积累，裂隙相互贯通，最后导致宏观破坏。结构面的蠕变破坏呈剪切蠕变破坏特征，在蠕变过程中，构成结构面的上下试块之间以爬坡或剪断的方式产生相对位移，上下试块的镶嵌和摩擦产生较大的粘滞阻力，而克服这种阻力需要一定的应力水平，当剪应力大于这一应力水平时，粘滞阻力迅速降低，试样在很短时间内出现较大的剪切位移，并很快达到破坏[103]。相对于岩石材料而言，结构面的剪切蠕变破坏表现出明显的瞬时变形特性，且与法向力及剪切力水平密切相关，法向力水平越高，结构面试样瞬时剪切位移也越大。另一方面，不同角度的结构面试件，破坏形态也有所区别，角度较小的结构面，在施加剪应力之后，结构面之间出现爬坡，随着荷载级别的增大，爬坡也更为显著，齿面接触面积减小，在齿尖部分应力集中，最后试件在短时间内以拉剪的形式破坏，角度较大的结构面破坏以剪断突出物为主，角度越大剪断突出物的破坏特征也就越明显。不同角度结构面的破坏形态如图 3 - 6 所示。

3.2.1　规则齿形结构面蠕变经验公式

本次岩体结构面剪切蠕变数据量大，且干扰数据较多，应该在统计分析结构面蠕变试验结果的基础上，对试验数据进行分级、筛选，利用试验数据拟合得出蠕变经验公式，以了解岩体结构面在剪切条件下的力学特性。

通常情况下，岩石的蠕变变形包括瞬时变形、初始蠕变、稳定蠕变和加速蠕变 4 个阶段，在长期荷载作用下岩石的蠕变变形可以表示为[117]：

$$u = u_e + u(t) + Mt + u_r(t) \tag{3-1}$$

式中，u_e 为瞬时变形；$u(t)$为衰减蠕变变形；Mt 为稳定蠕变变形；$u_r(t)$为加速蠕变变形；t 为时间。

在不同的岩体流变试验条件下，利用不同的函数形式，根据式(3 - 1)可以得出不同的蠕变经验公式。由本次试验曲线可以看出，结构面的蠕变曲线出现了前三个阶段，对于加速蠕变只是一个瞬态的过程，而且第三阶段也并不是严格意义下的稳态蠕变，实际上在结构面的蠕变试验过程中，严格意义下的稳态蠕变可

图 3-6　不同角度结构面蠕变破坏形态

能也是不存在的，常说的稳态蠕变只是蠕变速率随时间缓慢减小的近似稳态蠕变过程，而最终趋于稳定或者破坏。

根据结构面蠕变曲线的特征，采用未考虑加速蠕变阶段的经验公式，对结构面的剪切蠕变曲线进行拟合分析，且稳态蠕变阶段采用非线性数学公式，经过多种公式的拟合计算，发现采用如下公式(3-2)可以取得很好的拟合效果：

$$u = u_0 + A \cdot \ln t + B \cdot t^n \tag{3-2}$$

式中，u_0 为瞬时变形；$A \cdot \ln t$ 为衰减蠕变；$B \cdot t^n$ 为第三阶段蠕变(稳态蠕变)；A，B 为常数；n 为流变指数，主要反映结构面稳态蠕变的非线性特性；t 为时间。

采用最小二乘法对试验数据进行回归分析，可以得到各试件对应于不同正应力水平时蠕变经验方程中的各参数。由拟合结果可知，所提出的经验公式能很好地反映结构面剪切蠕变变形随时间的关系，拟合效果很好。根据拟合公式得到的各角度结构面的分级蠕变曲线如图 3-7—图 3-14 所示。

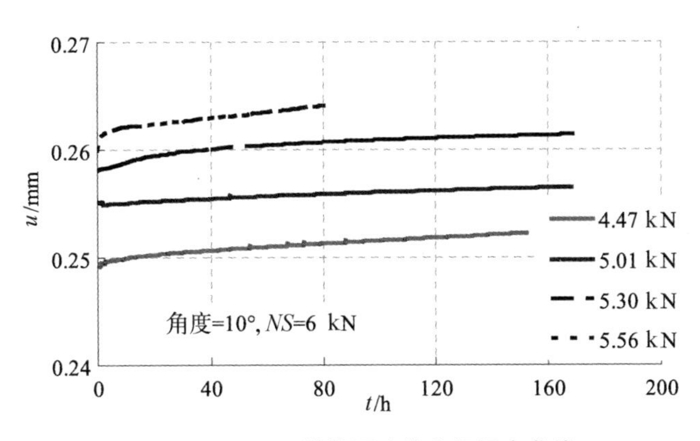

图 3-7　10-1 结构面试件分级蠕变曲线

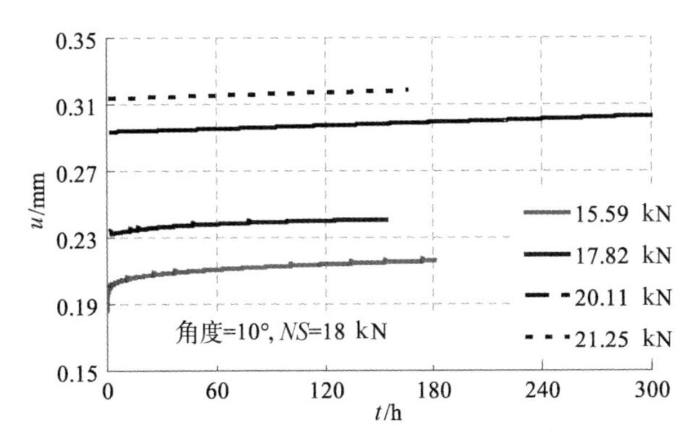

图 3-8　10-2 结构面试件分级蠕变曲线

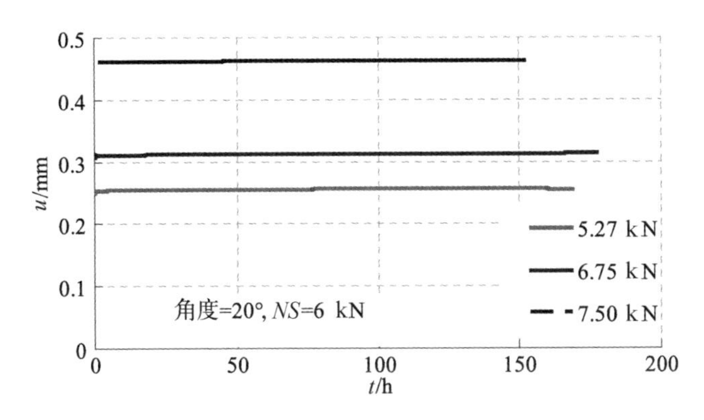

图 3-9　20-1 结构面试件分级蠕变曲线

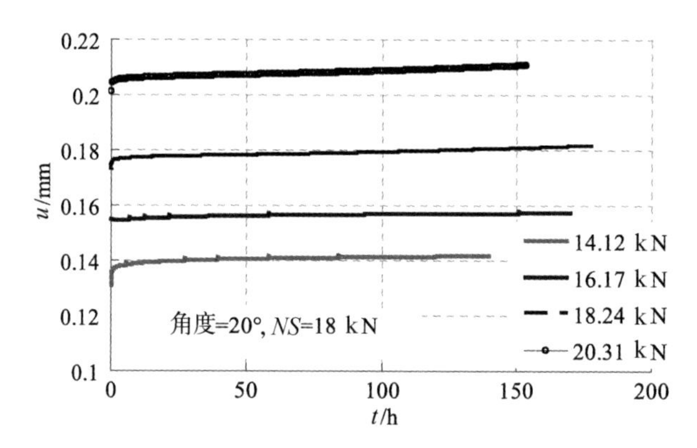

图 3-10　20-2 结构面试件分级蠕变曲线

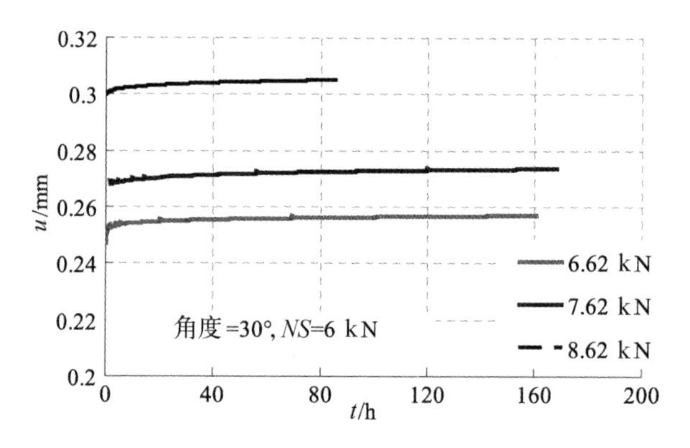

图 3-11　30-1 结构面试件分级蠕变曲线

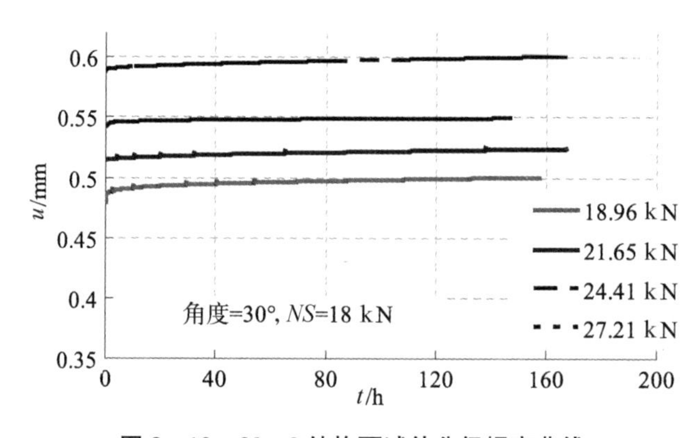

图 3-12　30-2 结构面试件分级蠕变曲线

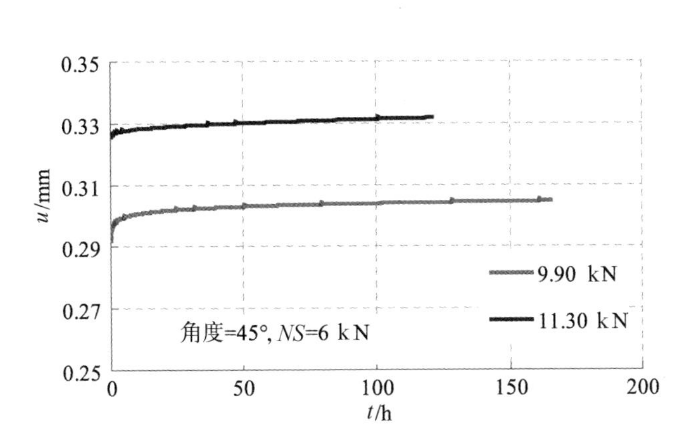

图 3－13　45－1 结构面试件分级蠕变曲线

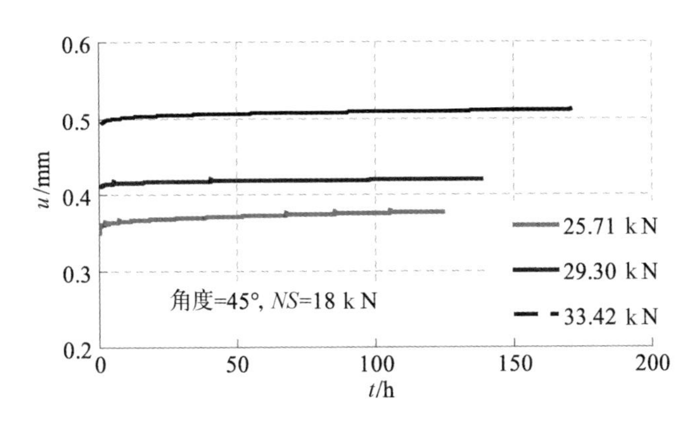

图 3－14　45－2 结构面试件分级蠕变曲线

观察各试件结构面剪切蠕变试验的分级曲线，可以看出结构面剪切蠕变变形有以下一些特征：

(1) 瞬时施加剪力后，立刻产生瞬时剪切变形，曲线出现初始蠕变阶段，但历时时间比较短，在本阶段蠕变速率由一个较大的值逐渐过渡到有限值；

(2) 初始蠕变之后，随着时间的增加，开始向稳态蠕变转化，该阶段历时较长，持续时间的长短主要与剪切力水平有关，随时间的增长蠕变速率逐渐过渡到随时间缓慢减小的近似稳态蠕变过程；

(3) 不同角度结构面，在蠕变过程中均未出现加速蠕变阶段，当剪切力增加到某一值时，结构面出现迅速滑移而破坏，破坏持续时间很短；

(4) 对相同角度的结构面试件，当法向力水平高时，剪切蠕变变形大，加载后瞬时变形和过渡蠕变变形比法向力低时明显。法向应力大时，结构面间的嵌入和摩擦作用更明显，故施加剪切力后结构面的爬坡效应和切齿效应均更明显，从破坏形态来看，当法向力大时，切齿破坏深度明显大于法向力小时；

(5) 对不同角度的结构面，在相应的试验条件下，角度越大，剪切蠕变变形越大，因为试验中采用的是硬性结构面，受力后结构面的爬坡效应和切齿效应是变形的重要控制因素，因此角度较大时，结构面的嵌入和摩擦作用也更大，试验中的应力水平相对较高，在相同的试验条件下结果更理想。

3.2.2 规则齿形结构面剪切蠕变速率特性

计算不同角度结构面流变曲线对应的各时刻的斜率，就可以得到结构面蠕变过程中蠕变速率与时间的关系曲线。首先，在不同法向应力下，各个角度结构面均表现出了两个阶段，即初始蠕变速率阶段：蠕变速率随着时间的增长，以很快的速度衰减；稳态蠕变速率阶段：随着时间的增长，该阶段蠕变速率值基本保持不变，对应的流变速率为稳态蠕变速率，对低应力水平而言，稳态蠕变速率接近为零，而在高应力水平时，蠕变速率表现的特征与低应力水平时基本等同，所不同的是稳态流变速率是大于零的常量，且在加载后期，流变速率略有增大。这里讲的稳态蠕变速率只是近似的情况，实际上在稳态蠕变阶段，结构面的蠕变速率也在随时间缓慢变化，从计算结果中可以得到证实，图 3-15—图 3-22 为结构面在低剪切力和较高剪切力作用下剪切蠕变速率随时间的变化曲线。

从图中不同角度结构面在低剪切力和较高剪切力作用下的剪切蠕变速率变化曲线可以看出，在剪切力较小的情况下，结构面剪切蠕变曲线经历瞬时变形、初始蠕变和稳态蠕变。初始蠕变的蠕变速率迅速衰减，经过很短的一段时间后，

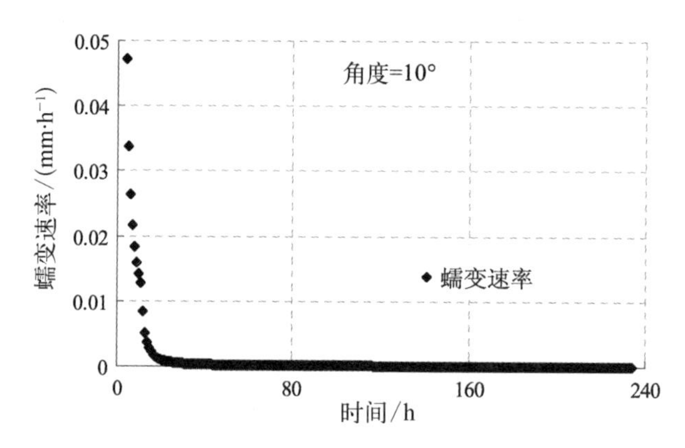

图 3-15　10°结构面在低应力时蠕变速率变化曲线

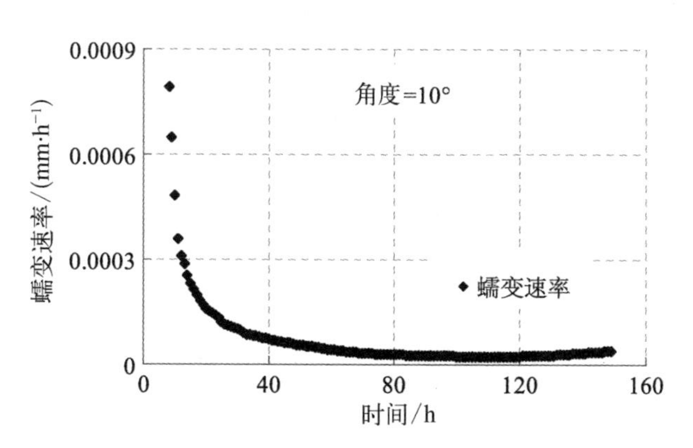

图 3－16　10°结构面在较高应力时蠕变速率变化曲线

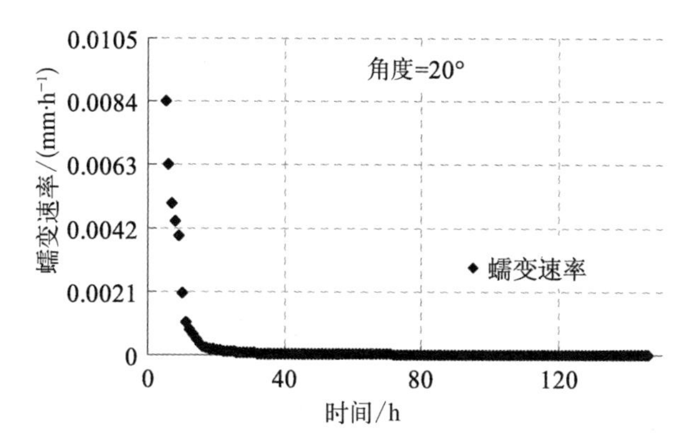

图 3－17　20°结构面在低应力时蠕变速率变化曲线

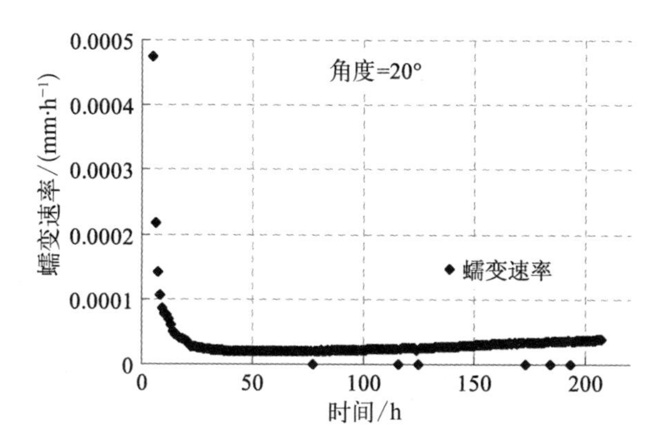

图 3－18　20°结构面在较高应力时蠕变速率变化曲线

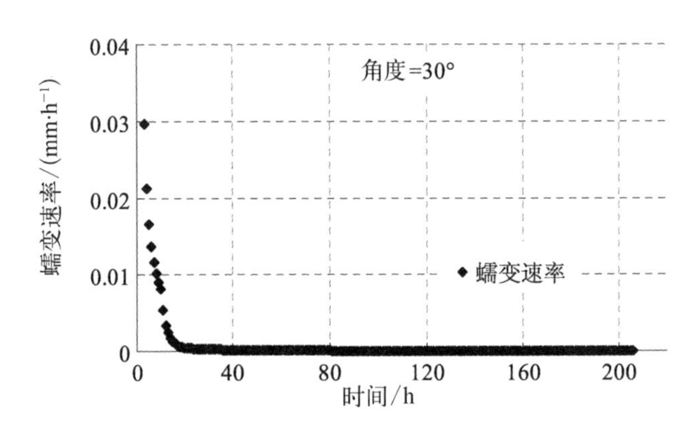

图 3-19　30°结构面在低应力时蠕变速率变化曲线

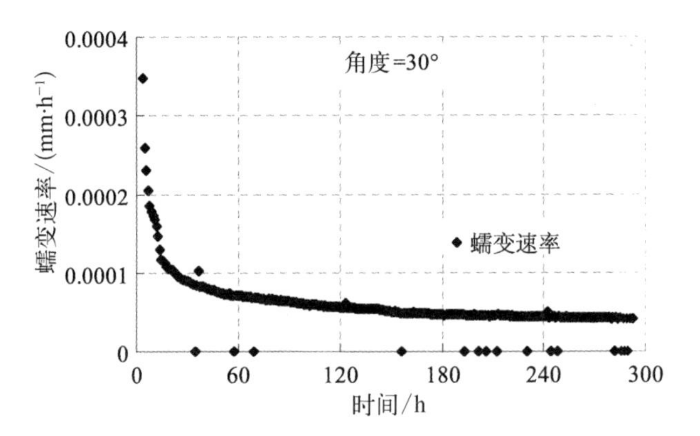

图 3-20　30°结构面在较高应力时蠕变速率变化曲线

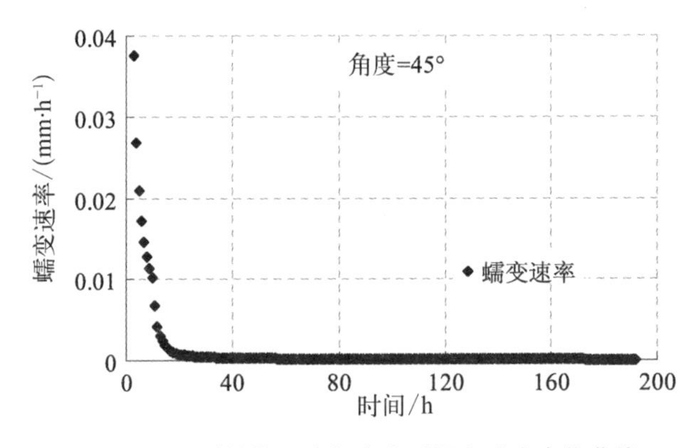

图 3-21　45°结构面在低应力时蠕变速率变化曲线

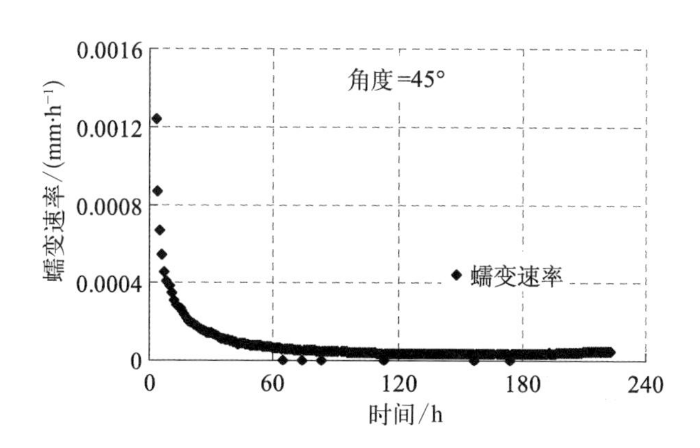

图 3-22　45°结构面在较高应力时蠕变速率变化曲线

结构面的蠕变过渡到稳态蠕变阶段，其蠕变速率为一个接近于 0 的数字，且变化不大，此时的稳态蠕变不会一直持续下去，后面会发展到速率为 0 的稳态蠕变。在剪切力较高的情况下，也出现瞬时应变、初始蠕变和稳态蠕变，其稳态蠕变时的蠕变速率要比低剪切力水平时的大，且结构面在较高的剪切力水平下，从初始蠕变过渡到稳态蠕变的时间要更长一些，在剪切力水平较高的后期，结构面的蠕变速率还出现了增大的情况，但最终均未出现加速蠕变阶段。应该指出，无论低应力还是较高应力水平下，结构面稳态蠕变阶段的剪切蠕变速率均不是一个常数，而是随时间缓慢变化，只是在稳态蠕变阶段，变化幅度比较小，可以近似地认为是定常蠕变。不同角度的结构面，第一级荷载的初始蠕变速率都比较大，比后面级别荷载大 1～2 个数量级，如 45°结构面在第一级荷载时得初始蠕变速率为 0.04 mm/h，而最后一级荷载的初始蠕变速率只有 0.001 2 mm/h，但稳态蠕变速率却不是这样，主要原因还是试件加工问题，而不是剪切力级别的原因。结构面的蠕变速率变化与结构面角度的关系不是很大，而与剪切力的大小有较大关系，一般来讲，结构面稳态蠕变速率随着剪切力水平的增大而增大，但是从试验结果来看，结构面不同应力级别下的蠕变速率与剪切力的数学关系并不是十分清晰，无法用一个准确的数学式来描述蠕变速率与剪切力级别之间的关系。

对蠕变速率与时间的关系曲线分析中发现，结构面蠕变速率在蠕变试验过程中有一个初始蠕变速率，随着时间的增长，蠕变速率逐渐减小，并趋于稳定，经过对曲线的对比分析，发现可以采用如下形式的函数对蠕变速率与时间关系曲线进行描述：

$$v = v_0 + \frac{A}{t^n} \tag{3-3}$$

式中，v 为蠕变速率；v_0 为初始蠕变速率；t 为时间；A，n 为常数。

经过拟合计算可知，试验曲线与上述公式有较高的拟合度（图 3-23），因此可以说明，结构面蠕变速率在开始阶段有一个初始蠕变速率，试验过程中蠕变速率随时间以指数递减的形式变化，并最终趋于稳定，且都没有出现加速阶段，部分剪应力较高的情况下出现了蠕变速率到后期略有增大的现象。

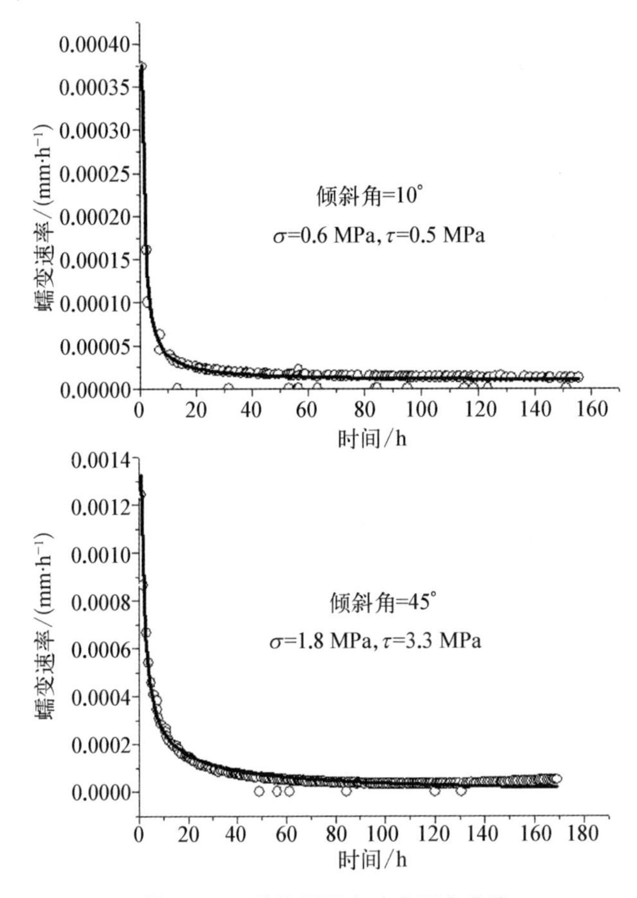

图 3-23　结构面蠕变速率拟合曲线

3.2.3　规则齿形结构面法向变形及扩容特性

把试验测得的各试件的法向变形减去没有剪应力时结构面的相应变形，得到各结构面试件由于剪应力的作用而产生的法向蠕变变形。根据试验得到的各试件的法向变形，做出结构面各级剪切力时对应的结构面法向变形和剪切蠕变变形图，可以得到结构面剪切蠕变试验过程中的扩容曲线。图3－24—图3－29为本次试验过程中典型的结构面的法向蠕变变形曲线及扩容曲线，因为试验中在剪切方向和法向均规定压缩变形为正，所以法向变形的值变小说明变形的方向与法向应力的方向相反。不同角度结构面剪切蠕变试验过程中的法向变形及扩容特性比较好地说明了结构面角度对于结构面变形特性的影响。

从本次试验法向蠕变曲线和扩容曲线图中可以看出不同角度的结构面在剪切蠕变试验过程中法向变形和扩容特性方面具有一定的规律性。首先，法向变形曲线的特征与剪切变形相似，瞬时施加剪力后，产生瞬时变形，经历过渡蠕变阶段后，进入稳态蠕变。但是过渡蠕变阶段相对较短，稳态蠕变阶段曲线更接近直线，可以认为结构面的剪切蠕变变形和法向蠕变变形是结构面爬坡效应变形

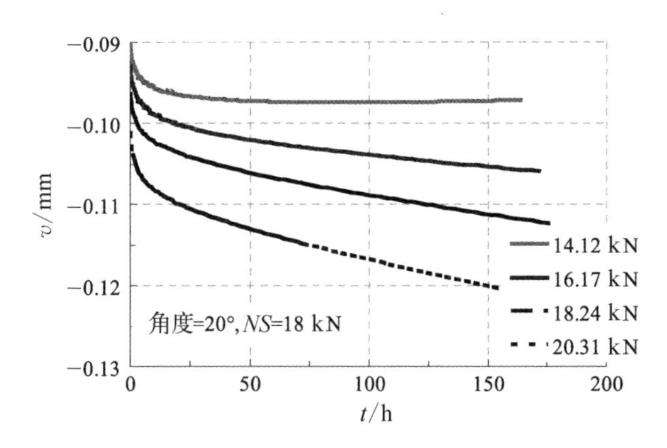

图3－24　20°结构面法向蠕变变形曲线

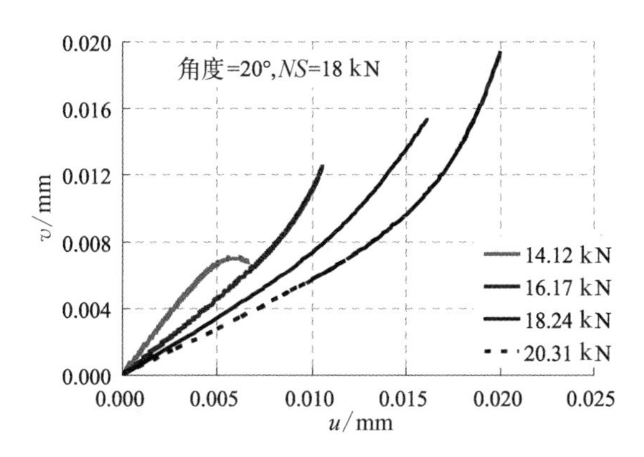

图3－25　20°结构面蠕变扩容曲线

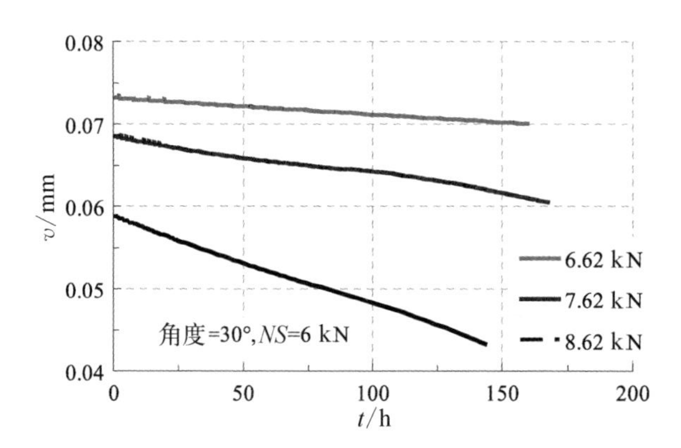

图 3-26　30°结构面法向蠕变变形曲线

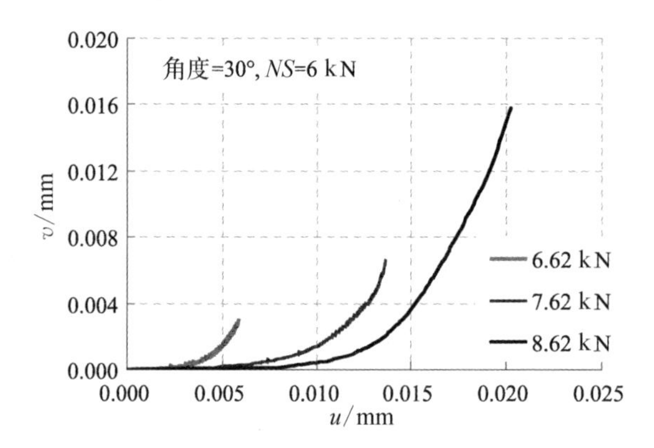

图 3-27　30°结构面蠕变扩容曲线

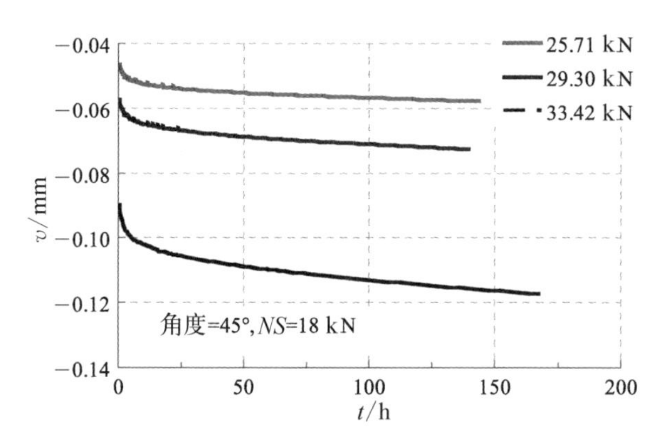

图 3-28　45°结构面法向蠕变变形曲线

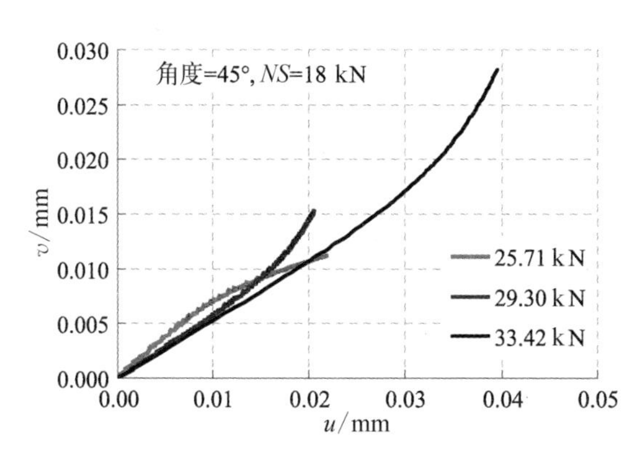

图 3-29 45°结构面蠕变扩容曲线

的两个分量,因而其变形应具有相近的规律性。对于相同爬坡角的结构面试件,在相同的法向力下,剪切力级别越高,结构面法向变形越大,因为随着剪切力级别的增大,结构面的爬坡和切齿效应均更明显,爬坡效应是结构面法向变形的主要因素,当剪切力大时,法向变形也更大,如20°结构面试样的剪切力级别每提高一级,法向变形增大约0.01 mm,45°结构面试样的剪切力从29 kN增加到33 kN时,法向变形增大了0.03 mm,其他结构面试件也都具有相似的规律,同样的情况,剪切力级别相同的条件下,法向力越大,则法向变形越小,因为当法向力大时,很大程度上限制了结构面的爬坡效应,造成法向变形比较小。不同角度的结构面试件,在相同的应力条件下,法向变形与结构面角度有较大关系,角度大的结构面爬坡效应受到限制,法向变形也相应变小,当角度增大到一定程度,如45°结构面的时候,切齿效应占主要地位,爬坡效应所占比重很小,法向变形有大幅较少,此时的结构面变形特性则类似于完整岩石。结构面剪切蠕变过程中的法向变形主要是由于结构面沿突起物的爬坡造成的,因此,结构面的法向变形与法向应力的大小,剪应力的级别以及突起物的形态都有一定的关系。

结构面剪切蠕变试验过程中,不同的剪切力级别时均存在扩容现象,而且在试验的过程中,结构面扩容变形随剪切蠕变变形逐渐增大。如前所述,剪力引起的法向变形曲线与剪切变形相似,结构面的剪切蠕变变形和法向蠕变变形可以认为是爬坡效应变形的两个分量,其变形应具有的相近规律,故结构面剪切-法向蠕变变形曲线也应具有一致性。对同一试件,剪切力水平越高,试验维持时间越长扩容现象越明显,当剪应力水平增大后,法向应力的约束作用相对减小,爬坡效应则更加明显,在扩容曲线上表现为曲线变得较陡;试验维持时间越长,结构面克服接触面间的镶嵌和摩擦作用继续发生剪切变形,结构面上下之间不断地发生位错并达到新的平衡，即在微观上不断发生松散膨胀，结构面的扩容变形也更加明显。观察每一级结构面的剪切蠕变扩容曲线，可以将结构面的剪切蠕变扩容曲线分成两个阶段：第一阶段试样的剪切变形及法向变形匀速增大，法向变形与剪切变形呈线性关系，此时扩容曲线向上呈线性增长，曲线的斜率可以认为是结构面的平均爬坡角，可以看出，扩容曲线线性增长阶段曲线的斜率，随着剪应力级别的增大而减小，不同角度的结构面都表现出该规律；在每一级剪切荷载的后期，扩容曲线法向变形增长的速率开始变大，此时由于结构面表面发生强化，切齿效应有所减弱，剪切变形增长速度变慢，爬坡效应有所增强，扩容曲线呈现非线性增长，法向变形继续向上快速发展，直至试样发生破坏。

3.2.4 规则齿形结构面长期强度特性

在岩体结构面由稳态蠕变转为非稳态蠕变之间，一定存在某一临界应力值，作用于结构面的应力水平小于该临界值时，蠕变趋于稳定，岩体不会破坏。而大于这一临界值，岩体经过蠕变最后发展为破坏，这一临界值称为岩石的极限长期强度，从物理性质上来说，岩体的所承受的应力越大，达到破坏所需的时间越短，如果应力小于某一值，无论作用时间有多长，岩体也不会破坏。岩体的长期强度以及长期强度极限最理想的方法是通过进行一系列不同应力水平的单级恒载蠕变试验，直至岩样破坏，然后作试件的破坏应力与破坏时间关系曲线即为长期强度曲线，当破坏时间趋于无穷大时对应的应力即为长期强度极限，这一方法理论上最为合理，但由于所做试件数量较多、时间过长，因而实际操作很难进行[182]。

剪应力 τ 和剪切变形 u 等时曲线的拐点反映了结构面剪应力随剪应变增加而变化的转折点即临界值，也就是应力的屈服点，以屈服点处的剪应力作为剪切长期强度，然后按照库仑准则绘制长期强度曲线[102]。根据本次规则齿形结构面试验的等时曲线可以看出，曲线的前一段为线性，曲线的后段呈弯曲状，t 值越大，该曲线越早趋向于平稳。根据这一变化趋势，可以绘制出一条平行于纵坐标 u 直线。该直线与横坐标 τ 的交点即为极限长期强度 τ_{∞}，如果施加的荷载超过极限长期强度 τ_{∞}，则岩石由蠕变发展至破坏，剪切蠕变试验表明岩体结构面是个流变体，其强度随时间的增加而降低，不同的时间，其强度包络线是不同的，图 3-30—图 3-33 为部分结构面等时曲线图。

根据结构面等时曲线的形态，按照拐点选取在长期荷载作用下结构面的长期强度，具体结果如表 3-4 所示。

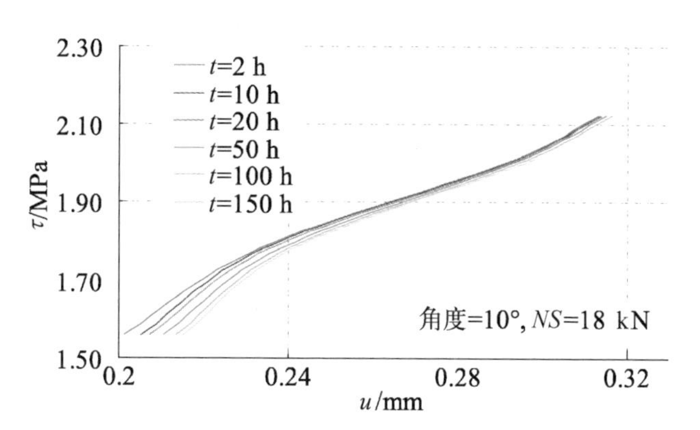

图 3 - 30　10°结构面蠕变等时曲线

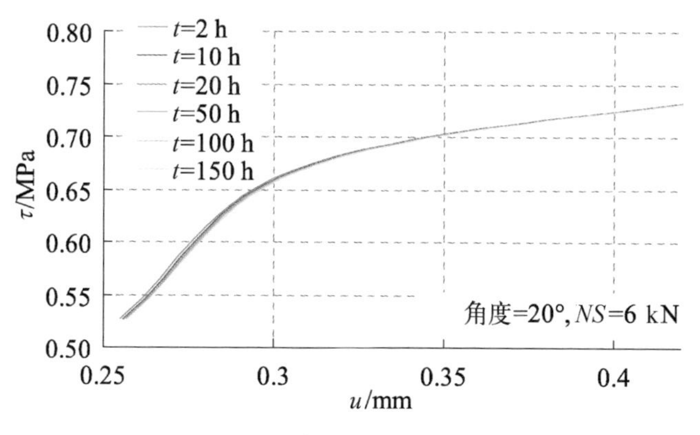

图 3 - 31　20°结构面蠕变等时曲线

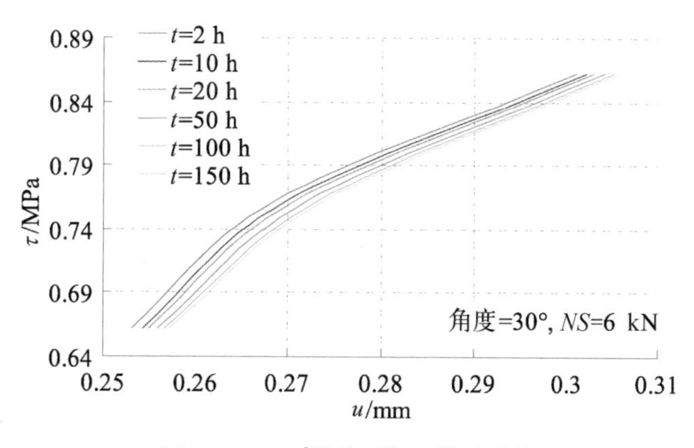

图 3 - 32　30°结构面蠕变等时曲线

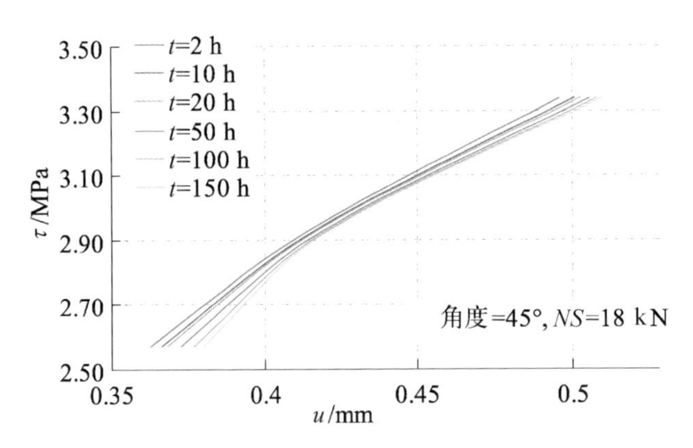

图 3-33　45°结构面蠕变等时曲线

表 3-4　结构面试件长期强度表

试件爬坡角	10°	20°	30°	45°
$\tau_{\infty}(\sigma=0.6\ \text{MPa})$	0.44	0.55	0.7	—
$\tau_{\infty}(\sigma=1.8\ \text{MPa})$	1.55	1.7	2	2.55

从不同结构面的等时曲线可以看到，10°结构面在 6 kN 法向荷载条件下，由于试验数据的原因，在第三级荷载之后出现了异常变化，对于等时曲线拐点的选取有一定困难，45°结构面在 6 kN 法向荷载条件下的蠕变曲线由于应力等级不到三级，无法对等时曲线簇的形态进行完整描述，上述问题也一步验证了法向应力较低的情况下，结构面剪切蠕变结果容易出现不理想的状况，而法向荷载较高的 18 KN 条件下，试验结果则较为理想。

根据库仑摩尔准则，岩体结构面的剪切强度公式可以表示为：

$$\tau_{\infty}=\sigma_{n}\cdot\tan(\varphi_{r}+i) \tag{3-4}$$

式中，φ_r 为基本内摩擦角，i 为结构面的综合爬坡角，将 φ_r 与 i 的和统称为结构面的内摩擦角 φ_j。

由于本次结构面蠕变试验采用的是硬性结构面，可以暂时不考虑黏聚力对于长期剪切强度的影响，将结构面剪切过程中的切齿效应利用结构面内摩擦角参数进行反映，同时也为试验数据的分析带来一定的方便。根据库仑摩尔准则，利用不同角度的结构面长期强度值拟合得到结构面的长期强度指标，并结合第 2 章的结构面瞬时强度参数指标进行对比，具体结果见表3-5。

表 3-5　长期强度与快剪强度参数对比表

试件爬坡角 β	内摩擦角(°)长期指标	内摩擦角(°)瞬时指标	瞬时/长期
10°	41.03	42.8	0.95
20°	43.42	46.55	0.93
30°	47.91	50.26	0.95
45°	54.78	55.31	0.99

结构面蠕变试验结果表明，硬性结构面具有一定的时效变形特性，在长期荷载作用下的强度参数比结构面快剪强度参数有一定的降低，但降低幅度有限，分析其中原因可能有几个方面：首先可能是硬性结构面自身的特性，由于硬性结构面的剪切蠕变破坏主要以爬坡滑移为主，而不是裂纹缓慢产生和发展的过程，蠕变破坏效应不明显；其次是试验所用试件存在一定的差异性，且所作试验的数量有限，不能很好地反映结构面的强度特性；试验量测设备也存在一定的误差，部分蠕变试验数据存在较大的波动，导致试验结果有一定的偏离；从理论上来分析，通过等时曲线来确定岩体的长期强度的方法是一种科学的分析方法，但在实际操作中存在一定的困难，从本次研究来看，该方法的主要缺点是拐点往往不是很明显，选择起来带有一定的随意性，因此确定的长期强度可能造成误差，本次试验中，不同角度的结构面的试验过程中均未出现加速蠕变阶段，所以在等时曲线中对于破坏阶段的曲线比较难确定。

随着结构面的爬坡角的增大，结构面的长期抗剪强度在增大，与快剪试验结果具有相似的规律性，规则齿形结构面长期抗剪强度参数与结构面角度的关系如图 3-34 所示，表现出了较好的线性关系，主要原因还是随着爬坡角的

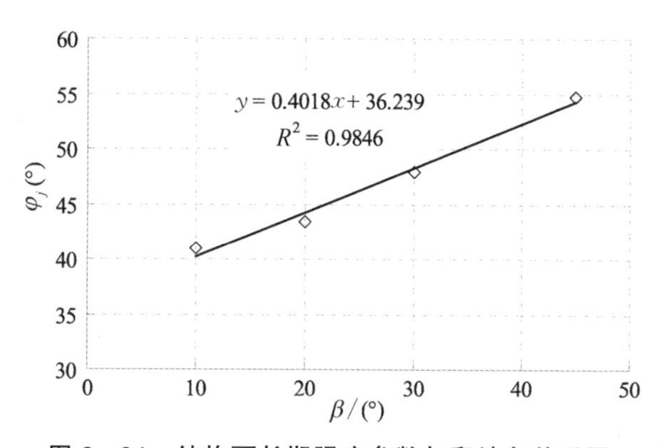

图 3-34　结构面长期强度参数与爬坡角关系图

增大，结构面爬坡剪胀效应减少，而切齿剪断效应增加造成的，从而说明硬性结构面的抗剪强度参数与结构面的角度，也就是结构面的表面形态存在较大的关系。

3.3 规则齿形结构面蠕变理论模型

岩体流变本构模型的建立是岩体流变力学理论研究中重要的组成部分，理论流变力学模型概念比较简单，能直观全面地反映岩土体材料的流变特性。前面在统计分析结构面蠕变试验结果的基础上，利用试验数据拟合蠕变经验公式，了解了结构面在给定条件下的蠕变特性。本节从岩石的理论模型出发，建立模型的应力-应变-时间关系，对试验数据采用最小二乘法进行回归分析，最终得到结构面的蠕变本构模型。

3.3.1 理论模型的选择与讨论

蠕变理论模型的基本形式有许多种，对具体的岩土体材料而言，在确定蠕变理论模型之前，需对试验曲线作简要的分析。通过对前面规则齿形结构面蠕变试验曲线进行仔细分析，不难发现，在低于屈服应力之前结构面的蠕变曲线具有如下几个特点：

(1) 当瞬时施加应力后，立刻产生瞬时弹性应变，故知模型中包括有弹性元件。

(2) 蠕变曲线都反映出应变随时间增加而增大的趋势，因此模型中包含有粘性元件。

(3) 每级荷载作用下试样的应变速率随时间以指数递减的形式变化，最终趋于一个比较稳定的值，整个试验过程中，结构面均未出现加速蠕变阶段。

基于上述结构面破坏之前的蠕变曲线特征，可以看出，结构面表现出了典型的粘弹性特性，本小节对表现为粘弹性性质的蠕变曲线进行辨识分析。描述粘弹性性质的流变模型有很多种，如广义 Kelvin 模型或 Burgers 模型等，由试验结果可知，结构面蠕变变形随时间增长具有明显的第一、二阶段蠕变，且蠕变变形以稳态蠕变为主，并且直到破坏均未出现加速蠕变阶段，试样破坏具有突发性。从试验曲线所反映出的蠕变特征及其规律来看，Burgers 模型可以较好地描述结构面的蠕变特性[83]。模型的蠕变特性与试样比较接近，能较好地描述这种具有初始蠕变和稳态蠕变的蠕变曲线，同时，Burgers 模型形式简单，参数意义明确,便于实际应用。

Burgers 模型可以看成由 Maxwell 和 Kelvin 体串联而成的四元件模型,具体如图 3-35、图 3-36 所示。

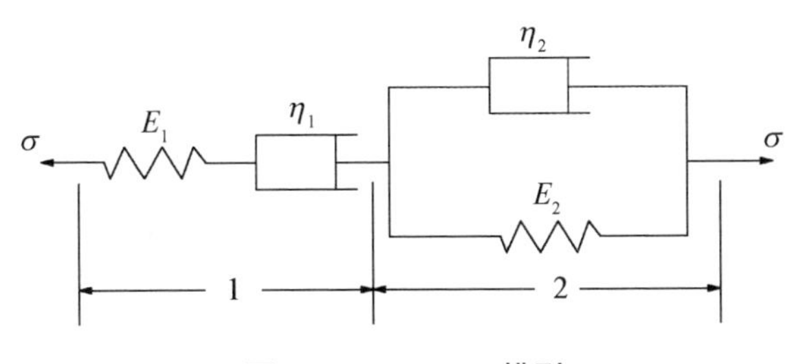

图 3-35　Burgers 模型

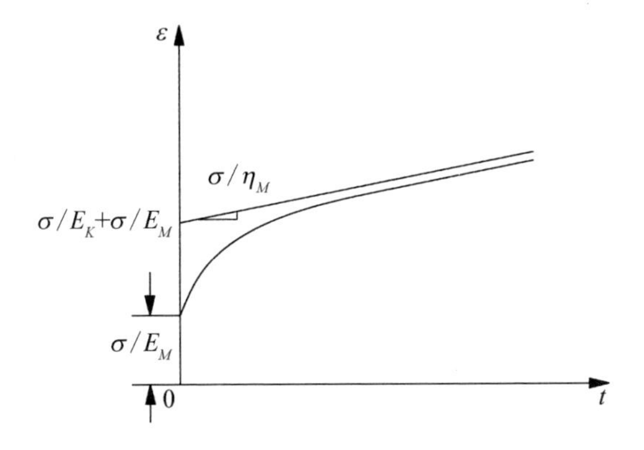

图 3-36　Burgers 模型蠕变曲线

Burgers 模型由 Maxwell 体和 Kelvin 体串联而成,满足以下关系式[83]:

$$\varepsilon_B = \varepsilon_M + \varepsilon_K \tag{3-5}$$

$$\sigma_B = \sigma_M = \sigma_K \tag{3-6}$$

$$\dot{\varepsilon}_B = \frac{\sigma}{\eta_1} + \frac{\dot{\sigma}}{E_1} \tag{3-7}$$

$$\sigma_B = E_2 \cdot \varepsilon_K + \dot{\varepsilon}_K \cdot \eta_2 \tag{3-8}$$

由式(3-5)—式(3-8)可推得流变模型的本构关系式(3-9):

$$\sigma + \left(\frac{\eta_1}{E_1} + \frac{\eta_1 + \eta_2}{E_2}\right) \cdot \dot{\sigma} + \frac{\eta_1}{E_1} \cdot \frac{\eta_2}{E_2} \cdot \dot{\sigma} = \eta_1 \cdot \dot{\varepsilon} + \frac{\eta_1 \eta_2}{E_2} \cdot \ddot{\varepsilon} \tag{3-9}$$

在蠕变条件下，Burgers 模型的一维和三维本构方程分别为：

$$\varepsilon = \left\{\frac{1}{E_1} + \frac{t}{\eta_1} + \frac{1}{E_2}\left[1 - \exp\left(-\frac{E_2}{\eta_2}t\right)\right]\right\}\sigma \tag{3-10}$$

$$e_{ij} = \left\{\frac{1}{2G_1} + \frac{t}{2\eta_1} + \frac{1}{2G_2}\left[1 - \exp\left(-\frac{G_2}{\eta_2}t\right)\right]\right\}S_{ij} \tag{3-11}$$

式中，E_1 为瞬时弹性模量；E_2 为黏弹性模量；η_1 和 η_2 为黏滞系数。

本次试验是结构面剪切蠕变试验，剪切条件下模型的一维本构方程为：

$$u = \tau_0\left\{\frac{1}{G_1} + \frac{t}{\eta_1} + \frac{1}{G_2}\left[1 - \exp\left(-\frac{G_2}{\eta_2}t\right)\right]\right\} \tag{3-12}$$

式中，G_1 反映的是结构面的瞬时变形；$1/\eta_1$ 反映了结构面稳态蠕变速率；G_2/η_2 反映了结构面试样初始蠕变所经历的时间。

模型中的参数 G_1 可由 $t=0$ 时的加载瞬时，曲线在纵轴上的截距并计算求得，其他参数可使用 origin 软件根据最小二乘法由 $t \neq 0$ 时的试验曲线求得，相关流变参数见表 3－6。

表 3－6　Burgers 模型拟合参数表

爬坡角/(°)	轴向荷载/kN	剪切荷载/kN	G_1	η_1	G_2	η_2	相关系数 R
10	6.0	3.88	2.806 513 43	13 037.586 7	58.086 01	133.904 6	0.991 1
		4.47	1.793 060 04	33 110.304 1	470.244 9	6 337.634	0.958 1
		5.01	1.963 508 54	60 987.787 5	−1 696 596	42 059 772	0.923 0
		5.30	2.056 395 07	−51 422.957	106.287 4	7 700.907	0.962 6
		5.56	−0.864 108 1	19 586.289 6	0.614 229	0.001 036	0.909 7
10	18.0	15.59	8.000 158 72	27 761.278 9	126.498 7	668.120 6	0.980 6
		17.82	7.662 020 85	−206 061.79	173.286 8	10 470.41	0.991 9
		20.11	6.856 680 13	61 066.407 1	−5 334.64	−299 669	0.993 1
		21.25	6.785 354 48	69 861.687 2	12 907 770	−1.6E+10	0.968 6
20	6.0	5.27	2.088 969	62 672.507	141.972 9	237.861 3	0.932 9
		6.75	2.177 925	64 857.521	295.235 2	1 852.875	0.963 7
		7.50	1.631 809 6	77 810.381	686.730 7	10 293.56	0.946 3

续　表

爬坡角/(°)	轴向荷载/kN	剪切荷载/kN	G_1	η_1	G_2	η_2	相关系数 R
20	18.0	14.12	10.516 858	67 205.584	268.942 7	518.230 5	0.966 9
		16.17	10.455 246	347 495.45	792.773 4	25 969.28	0.976 2
		18.24	10.469 561	76 568.778	645.694 3	3 669.176	0.971 6
		20.31	9.996 499 9	67 473.144	762.991 7	2 481.568	0.970 4
30	6.0	6.62	2.647 025 4	40 201.243	139.744 9	349.591 1	0.971 9
		7.62	2.837 556 1	28 585.32	182.808 9	6 700.057	0.985 4
		8.62	2.875 276 2	38 664.205	317.859 1	1 556.459	0.947 1
30	18.0	18.96	3.909 035 5	121 244.72	221.376 9	1 692.506	0.986 3
		21.65	4.198 338 9	129 189.33	362.705 6	21 340.67	0.985 5
		24.41	4.501 914 4	129 189.33	563.706 9	2 120.972	0.965 1
		27.21	4.632 688 3	51 941.722	589.992 1	3 069.324	0.966 9
45	6.0	9.90	3.370 061 4	49 776.142 3	121.852 35	464.199 4	0.980 5
		11.30	3.466 260 8	40 815.051 6	419.457 57	2 321.334	0.974 0
45	18.0	25.71	7.220 984 5	23 161.630 9	259.889 06	438.265 8	0.973 0
		29.30	7.121 546 1	124 194.122	476.909 77	2 643.473	0.993 6
		33.42	6.796 390 1	91 895.190 7	273.524 76	2 348.643	0.989 6

表 3-6 是各个角度结构面的 Burgers 模型参数的拟合结果参数表。从表中拟合结果可以看出，对于硬性结构面的剪切蠕变试验采用 Burgers 模型从整体上来说拟合得比较好，可以基本上描述剪切蠕变过程，特别是对于剪切力水平较高的情况，试验曲线与计算曲线基本上吻合，但是从细致的角度来分析，并没有很完整地反映结构面的蠕变过程，结构面蠕变由初始蠕变过渡到近似于速率大于 0 的稳态蠕变，Burgers 模型可以很好地描述这个过程，但是结构面的蠕变进入速率近似为 0 的稳态蠕变过程，Burgers 模型则不能很好地进行描述。此外，当应力水平(低法向应力和低剪切应力)较低时，Burges 模型中的黏滞系数较小，但是根据试验结果可以看出，在应力水平较低时，结构面的稳定蠕变速率近似于 0。因此，可以认为硬性结构面在较高应力水平下可以采用 Burgers 模型进行描述，对于较低应力水平，采用 Burgers 模型进行描述有一定误差。结构面

蠕变曲线明显地存在蠕变速率不为 0 的近似稳态蠕变，并随后缓慢过渡到速率为 0 的稳态蠕变阶段，采用 Burgers 模型可以整体上很好地模拟蠕变过程，但是对于这一细微的现象却无法反映，从大量的试验研究来看，这一现象是一个比较普遍的现象。从表中可以看出，Burgers 各参数随着法向力、剪切力水平和结构面角度的变化有以下一些规律：

(1) G_1 反映了试样的瞬时变形。从参数拟合结果可以看出，同一角度的结构面在法向应力相同时，不同级别的剪切荷载下，G_1 参数变化很小；同一角度的结构面，当法向力不同时，施加相应的剪切力直至剪切破坏，法向力越高 G_1 参数的值也越大；当法向力相同时，不同角度的结构面，G_1 参数值变化不大。从而可以知道，结构面剪切蠕变的瞬时变形主要与施加的法向力有较大关系，而与剪切应力的级别以及结构面角度的关系不大，G_1 参数值具有非定常性，随着法向力的大小而变化，法向力越高，G_1 参数的值也越大，结构面瞬时变形越小。

(2) G_2/η_2 反映了试样初始蠕变所经历的时间。由参数表 3-6 可知，G_2/η_2 的值随着剪切力级别的增大而减小，也就是说随着剪切力水平的增大，结构面进入稳态蠕变阶段所用的时间会越来越长，该阶段的蠕变速率变化情况也可以通过结构面的蠕变速率与时间关系曲线上来观察。G_2/η_2 的值与结构面角度以及法向力的大小没有比较清晰的关系，而与剪切力级别之间体现出非定常性，说明结构面的初始蠕变与所施加应力大小关系密切。

(3) η_1 反映了结构面稳态蠕变的速率。同一角度的结构面试件，法向力不变，η_1 的值有随着剪切力的增大逐渐变小的趋势；对相同角度的结构面，当法向力不同时，施加相应的剪切力直至剪切破坏，法向力越高，η_1 参数的值也越大，也就是说，结构面稳态蠕变速率随着剪切力的增大而增大，随着法向力的增大而减小，这与事实情况也是相吻合的。

3.3.2 改进的 Burgers 模型

工程实践和室内试验研究表明，许多岩土体材料都是非线性流变体，在一定应力水平下常发生非线性流变，若用线性流变理论研究岩石的流变问题，即使利用多种元件建立复杂的流变模型，最终，模型反映的总是线性黏弹塑性的性质。非线性流变的应力和应变关系在同一时刻是非线性的，反映在应力-应变关系图上就是不同时刻下的每条应力-应变等时曲线不再是直线，而是一簇曲线，说明流变是非线性的。根据本次试验所作的试件等时曲线可以看出，随着时间的推移，粘性变形的发展导致等时曲线越靠向变形轴；应力水平越高，等时曲线偏离直线的程度也越大，说明非线性程度随应力水平的提高而增强；随着时间的增长，等时曲线偏离直线的程度增加，说明非线性程度亦随时间的增长而增强。这些是可以直接从本次蠕变曲线及等时曲线上得到的材料非线性流变的基本特性。从试验结果可以观察到，本次试验的蠕变是衰减型的，在时间很长以后，等时曲线逐渐靠近，直到完全重合。

观察本次结构面蠕变试验的曲线，不同角度结构面的蠕变曲线均未出现加速蠕变阶段，不同角度结构面在不同应力水平上的蠕变阶段表现不同，可分为以下两种类型：

(1) 稳态蠕变——在应力水平较低时，出现蠕变第一、第二阶段，但是蠕变第二阶段的蠕变速率几乎为 0，更不会出现蠕变加速阶段；

(2) 亚稳态阶段——在应力水平较高时，存在蠕变第一、第二阶段，但是第二阶段曲线稍有上升的趋势，蠕变速率为一个较大的值，不存在加速蠕变阶段。

以前研究模型理论主要是局限于线性流变问题，描述非线性流变主要有两种方法：① 用一种新的非线性流变理论完全替代线性模型理论；② 对模型理论进行改进，如采用非线性元件(非线性弹簧或非线性粘壶)替代线性元件。笔者根据本次结构面蠕变曲线的特点：在施加荷载同时立即产生瞬时弹性应变，岩石应变随时间的增加有增大的趋势，且蠕变速率并不严格保持稳定，经过研究与思考，提出一个非线性粘性元件，利用第二种方法对 Burgers 模型进行一定的改进，从而更好地反映本次硬性结构面蠕变曲线的特点，图 3-37 为改进的 Burgers 模型，改进的 Burgers 模型能够反映结构面的非稳态蠕变特性，可以用于描述硬性结构面蠕变曲线。采用非线黏弹性模型对低应力和较高应力水平时的结构面黏弹性蠕变曲线进行拟合，发现比 Burgers 模型等能更好地描述结构面黏弹性流变力学特性。

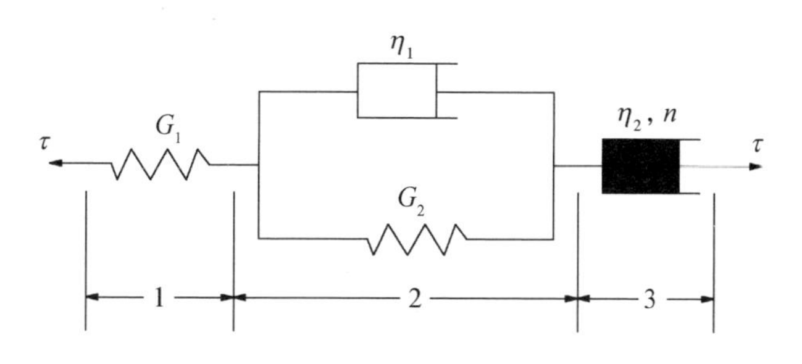

图 3-37　改进的 Burgers 模型

根据图中关系，由于模型是串联组合，所以满足以下条件：

$$\tau = \tau_1 = \tau_2 = \tau_3 \tag{3-13}$$

$$u = u_1 + u_2 + u_3 \tag{3-14}$$

$$\tau_1 = G_1 \cdot u_1 \tag{3-15}$$

$$\tau_2 = \eta_1 \cdot \dot{u}_2 + G_2 \cdot u_2 \tag{3-16}$$

$$\tau_3 = \eta_2 \cdot \dot{u}_3 / (nt^{n-1}) \tag{3-17}$$

式中，G_1，G_2为剪切模量；η_1，η_2为黏滞系数；n为流变指数。

由式(3-13)—式(3-17)可推得流变模型的本构关系如下：

$$\begin{aligned}\ddot{u} + \frac{G_2}{\eta_1}\dot{u} = \frac{\ddot{\tau}}{G_1} &+ \left(\frac{1}{\eta_1} + \frac{G_2}{G_1 \cdot \eta_1} + \frac{n \cdot t^{n-1}}{\eta_2}\right) \cdot \dot{\tau} \\ &+ \left[\frac{G_2 \cdot n \cdot t^{n-1}}{\eta_2 \cdot \eta_1} + \frac{n \cdot (n-1) \cdot t^{n-2}}{\eta_2}\right] \cdot \tau\end{aligned} \tag{3-18}$$

考虑初始条件为 $t = 0$，$u = \tau_0 / G_1$，$\tau = \tau_0$ 为应力常数的蠕变情况时，由流变本构关系式可推得该模型的蠕变方程如下：

$$u = \tau_0 \left\{ \frac{1}{G_1} + \frac{1}{G_2}\left[1 - \exp\left(-\frac{G_2}{\eta_2}t\right)\right] + \frac{t^n}{\eta_1} \right\} \tag{3-19}$$

根据新模型的蠕变方程可以看出，相比 Burgers 模型的蠕变方程，改进的 Burgers 模型蠕变方程中，反映第二阶段稳定蠕变的数学表达式中增加了流变指数 n，从而使得稳态蠕变的应变与时间表现出非线性关系，如图 3-38 所示。当 n 等于 1 时，该模型与 Burgers 模型相同，此时应变与时间的关系为线性，当 n 小于 1 时，随着时间的增长，应变速率逐渐减小，应变与时间为非线性关系，而当 n 大于 1 时，随着时间的增长，应变速率逐渐增大，由于本次结构面蠕变试验不存在加速蠕变阶段，n 值不大可能大于 1。由于公式中存在非线性拟合，使用 1stOpt 软件进行拟合，得到的改进 Burgers 模型的流变参数如表 3-7 所示。

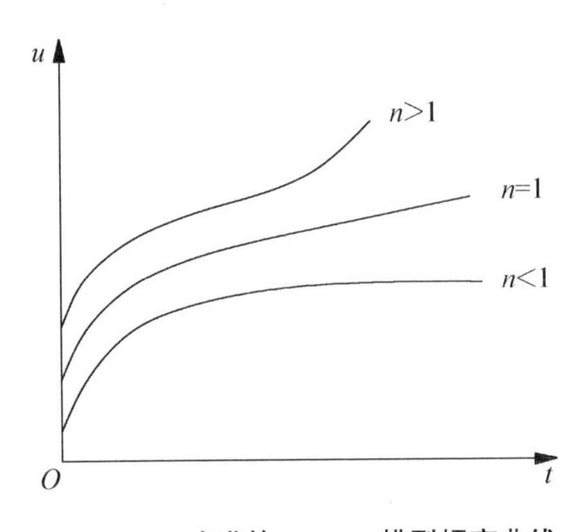

图 3-38　改进的 Burgers 模型蠕变曲线

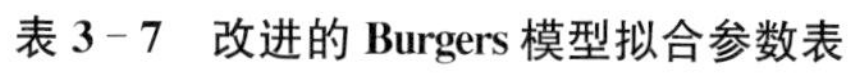

表 3－7　改进的 Burgers 模型拟合参数表

试件编号	爬坡角/(°)	剪切荷载/kN	G_1/GPa	η_1/GPa	G_2/GPa	η_2/GPa	n值	相关系数 R
10－1	10°	3.88	2.937 970 00	40.145 126 3	−66.138 1	−2 072.11	0.174 010	0.995 1
		4.47	1.793 293 90	1 647.083 11	−6.169 90	−3 499.64	0.856 721	0.957 6
		5.01	1.957 914 56	−642.223 49	191.204 8	17 959.08	0.138 308	0.931 4
		5.30	2.054 318 98	−3 653.882 1	81.211 17	5 849.354	0.608 754	0.981 0
		5.56	2.178 266 54	72.412 243 5	−108.657	−855.147	0.135 736	0.926 9
10－2	10°	15.59	10.301 845 6	32.344 212 1	230.731 1	54 235.86	0.046 341	0.997 0
		17.82	7.662 123 59	−291 103.15	174.615 8	10 559.89	1.056 859	0.991 9
		20.11	6.912 591 15	1 348.047 29	−270.463	−13 084.1	0.447 684	0.968 7
		21.25	6.851 383 88	914.411 648	−475.901	−12 667.7	0.324 823	0.994 2
20－1	20°	5.27	2.281 343 83	22.738 997 2	9 090.317 3	−571 951	0.027 036	0.981 5
		6.75	2.181 107 79	657.931 369	−47.433 78	−6 013.48	0.523 926	0.971 8
		7.50	1.631 833 63	52 026.702 4	731.615 49	10 484.48	0.929 058	0.946 3
20－2	20°	14.12	13.724 974 3	41.152 358 0	−2 194.188	−22 389.1	0.029 976	0.988 7
		16.17	9.055 421 28	−71.658 496	−528.714 7	−1 367.01	−0.043 72	0.976 6
		18.24	10.478 243 1	1 554.881 26	−15.267 23	−4 156.19	0.775 615	0.985 9
		20.31	10.008 116 2	1 523.513 78	−91.765 69	−9 283.70	0.583 754	0.976 9
30－1	30°	6.62	2.984 146 30	21.645 667 4	−3 990 334	83 102 373	0.027 334	0.997 7
		7.62	2.954 977 86	73.414 381 7	206.994 90	11 089.44	0.033 405	0.986 3
		8.62	2.883 496 25	463.200 843	−1.54E+21	3.13E+21	0.258 987	0.952 2
30－2	30°	18.96	3.978 100 02	375.105 435	326.087 22	7.635 275	0.255 086	0.997 6
		21.65	4.196 620 21	−57 254.885	214.113 01	20 855.21	−0.511 51	0.985 8
		24.41	4.502 707 31	32 713.667 7	609.543 12	1 934.577	0.747 814	0.966 1
		27.21	4.641 811 52	853.876 729	−492.572 4	−13 889.5	0.357 313	0.967 9
45－1	45°	9.90	3.438 742 29	132.686 228	284.964 95	670.616 5	0.115 375	0.991 7
		11.30	3.469 530 42	4 060.495 66	640.194 95	1 891.006	0.579 869	0.978 7

续 表

试件编号	爬坡角/(°)	剪切荷载/kN	G_1/GPa	η_1/GPa	G_2/GPa	η_2/GPa	n值	相关系数R
45-2	45°	25.71	7.508 574 86	123.770 569	−336.636 1	−2 248.53	0.152 523	0.992 4
		29.30	7.138 745 97	1 033.082 40	−158.270 1	−16 857.4	0.431 983	0.997 4
		33.42	6.422 937 58	−112.526 62	−36 350 032	6.132E+8	−0.183 13	0.991 4

表 3-7 给出了改进的 Burgers 模型的拟合参数，从拟合结果可以看出，改进的 Burgers 模型与结构面剪切流变试验结果吻合得均相当理想，拟合度较 Burgers 模型有一定程度的提高。笔者选取部分结构面蠕变曲线拟合图进行对比，如图 3-39—图 3-46 所示。从图中的拟合结果可以看出，应该说 Burgers 模型对试验数据的拟合已经有了比较好的效果，拟合度也比较高，但是改进的 Burgers 模型在细观上更好地反映了结构面的蠕变过程，比较好地体现了结构面蠕变曲线存在蠕变速率不为 0 的近似稳态蠕变，蠕变速率随时间缓慢变化的特征，这表明本文所建的剪切流变理论模型的正确性与合理性。模型中流变指数 n 的变化对蠕变曲线的影响比较显著，可以看出拟合结果中 n 的值基本上都是小于 1，从而验证了结构面的蠕变速率随时间逐渐减小的过程，模型对于结构面的这一特点进行了较好地反映，改进的 Burgers 模型形式比较简单，参数的确定也不复杂，意义明确，便于对结构面的蠕变特性进行拟合分析，具有一定的实用性。

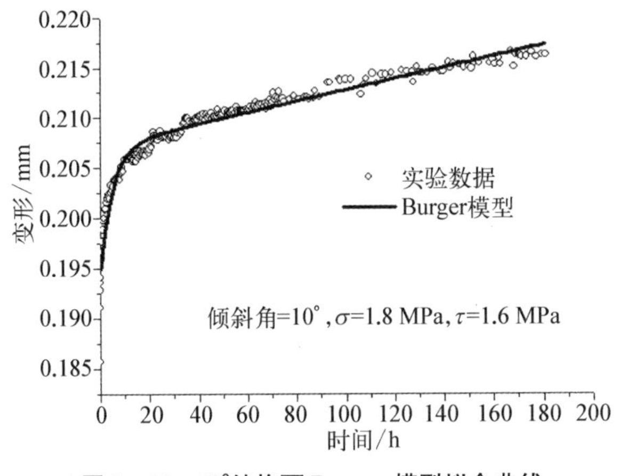

图 3-39 10°结构面 Burgers 模型拟合曲线

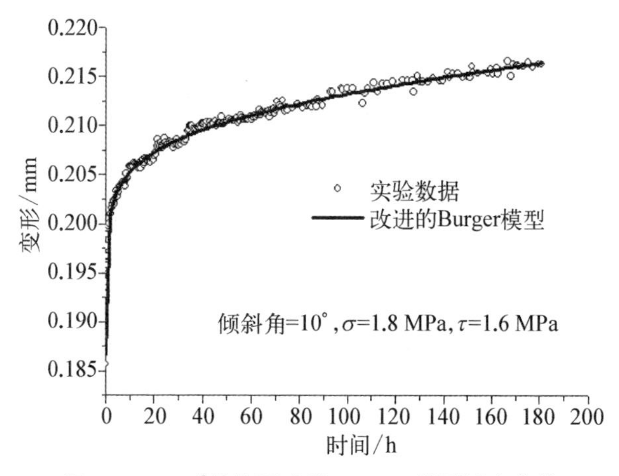

图 3－40　10°结构面改进 Burgers 模型拟合曲线

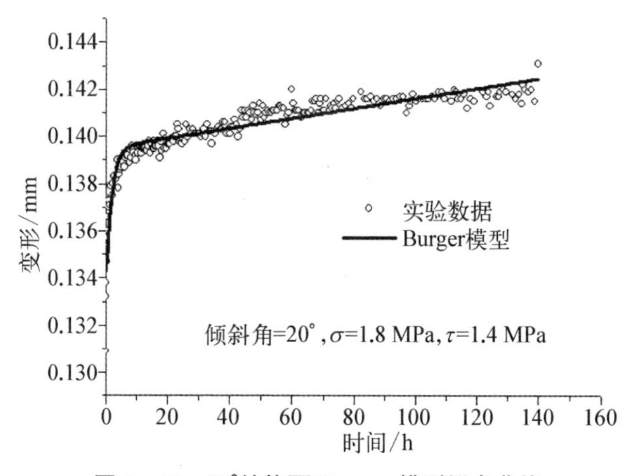

图 3－41　20°结构面 Burgers 模型拟合曲线

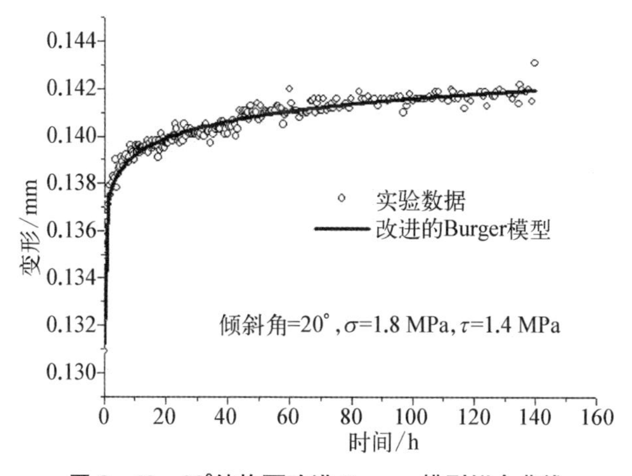

图 3－42　20°结构面改进 Burgers 模型拟合曲线

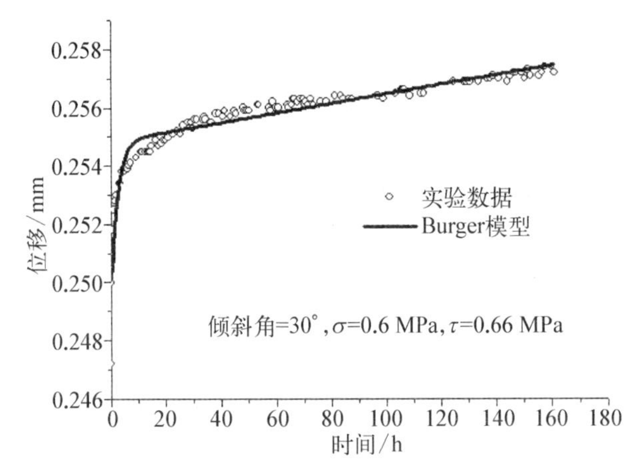

图 3-43　30°结构面 Burgers 模型拟合曲线

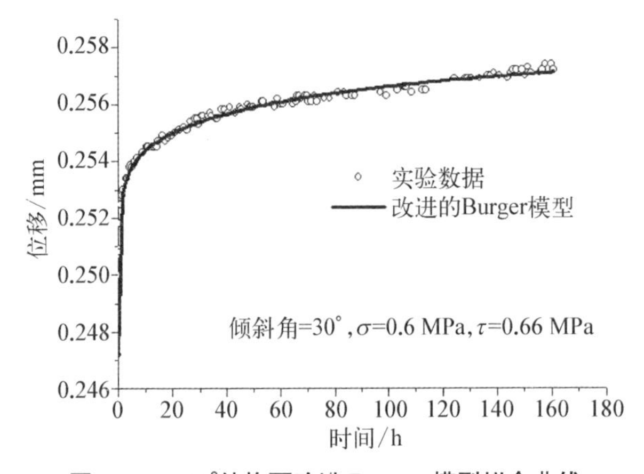

图 3-44　30°结构面改进 Burgers 模型拟合曲线

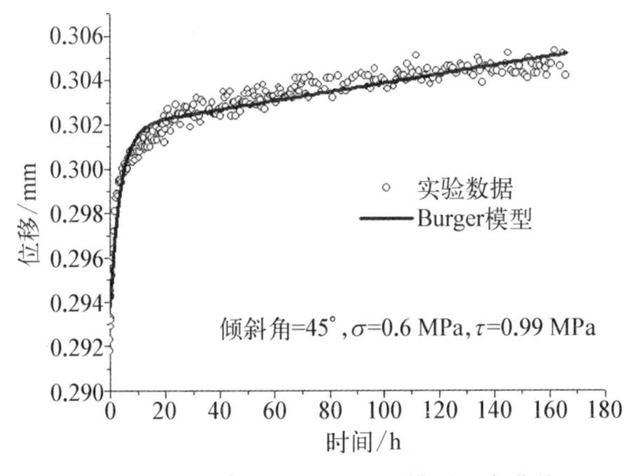

图 3-45　45°结构面 Burgers 模型拟合曲线

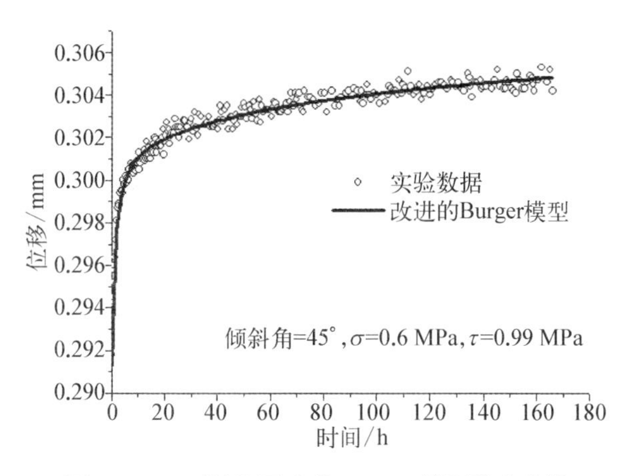

图 3-46　45°结构面改进 Burgers 模型拟合曲线

3.4　本章小结

为了研究岩体结构面的蠕变特性，搞清在长期剪切荷载作用下，岩体结构面的变形机理，发展破坏过程与时效特性。本章采用规则齿形的水泥砂浆结构面试件，通过结构面的剪切流变室内试验，研究不同爬坡角结构面的剪切蠕变特性，分析了不同爬坡角结构面流变过程中的蠕变速率特性，建立岩体结构面流变本构模型，并对岩体结构面的本构模型进行分析。具体研究结论如下：

(1) 结构面在蠕变试验过程中，严格意义下的稳态蠕变是不存在的，常说的稳态蠕变实际上是蠕变速度随时间缓慢减小的近似稳态蠕变过程，而最终趋于稳定或者破坏。结构面没有明显的加速蠕变阶段，而是当剪切应力增加到某一值时，结构面出现迅速滑移而达到破坏，破坏过程极为短暂，相对于岩石材料而言，结构面的剪切流变破坏表现出明显的瞬时变形特性。

(2) 结构面蠕变速率在开始阶段有一个初始蠕变速率，试验过程中蠕变速率随时间以指数递减的形式变化，并最终趋于稳定，且都没有出现加速阶段。对低应力水平而言，稳态蠕变速率接近为零，而在高应力水平时，蠕变速率表现的特征与低应力水平时基本等同，所不同的是稳态流变速率是大于零的常量，且在加载后期，流变速率略有增大。

(3) 结构面蠕变试验结果表明，硬性结构面具有一定的时效变形特性，在长期荷载作用下的强度参数比结构面快剪强度参数有一定程度的降低，但降低幅度有限。

(4) 对于硬性结构面的剪切蠕变试验采用 Burgers 模型从整体上来说拟合得比较好,但是从细致的角度来分析,并没有很完整地反映结构面的蠕变过程。改进的 Burgers 模型与结构面剪切流变试验结果吻合得均相当理想,拟合度较 Burgers 模型有一定程度的提高,模型比较好地体现了结构面蠕变曲线存在蠕变速率不为 0 的近似稳态蠕变,蠕变速率随时间缓慢变化的特征,改进的 Burgers 模型形式比较简单,参数的确定也不复杂,具有一定的实用性。

第4章 软弱结构面的剪切蠕变特性研究

岩体结构面是岩体工程中经常遇到的复杂介质，它具有非均质性、各向异性和非连续性等特点，其强度、变形、破坏以及流变等特性将直接影响岩体工程的设计、施工、运营以及稳定和加固方案。目前，国内外对岩石流变特性的研究已取得了一定的研究成果，但主要还是集中在岩石材料流变特性的研究方面。岩石结构面的流变特性不同于完整岩石，它应该是由结构面流变和岩石材料流变两部分组成，且岩体流变往往决定于结构面的流变。现有的研究成果表明，对岩体结构面流变特性的规律很少加以分析，这方面的试验研究成果更是少见，这是目前岩体流变特性研究中的缺陷。开展岩体结构面流变特性的试验研究，不仅对于分析整个岩体工程的流变特性具有重要的实践意义，而且能为岩体流变特性理论研究和数值分析提供基础。为了确定岩体分级加载流变试验条件下的应力水平以及清楚地认识长期荷载作用下岩体流变力学特性，只有将短时间的蠕变试验的结果外推至长时间的实际蠕变过程中去，才能使室内蠕变试验反映实际岩体蠕变的真实情况。将室内试验数据应用到长时间的地质年代，关键是如何利用实验数据，选择合适的蠕变模型，确定蠕变参数，最终达到预报岩体工程中应力、应变随时间变化的规律。本章针对锦屏二级水电站引水隧洞超埋深、高地应力的特点，选取边坡和地下洞室围岩中具有绿片岩软弱夹层的灰白色大理岩为研究对象，对含有绿片岩软弱结构面的大理岩进行分级加载剪切蠕变试验，并对试验结果进行分析，探讨绿片岩软弱结构面的剪切蠕变特性。对不同情况下岩体结构面的蠕变力学特性及其规律进行分析，在此基础上对结构面的流变模型与参数做出辨识，为工程设计和岩体的长期稳定性评价提供依据。

4.1 工程背景与试样的选取

锦屏二级水电站位于四川凉山雅砻江干流之上，装机容量 4 400 MW，按《水利水电枢纽工程等级划分及设计标准》，属一等工程，工程规模为大型，隧洞须按一级建筑物设计。电站由首部低闸、引水隧洞、地下厂房三部分组成。电站利用雅砻江 150 km 大河弯的巨大天然落差裁弯取直，开挖隧洞引水发电。隧洞洞长 16～19 km，洞径 13 m，一般埋深 1 500～2 000 m，最大埋深 2 500 m，属洞线长、洞径大、埋深极大的大型引水隧洞，成为锦屏电站的关键部分。隧洞围岩岩性组合复杂，断裂构造发育，特别重要的是该区为高地应力区。根据长勘探平洞和辅助洞地应力和地下水压试验资料，实测最大地应力值 42～46 MPa，预计最大埋深处地应力 70 MPa，最小主应力 26 MPa，最大外水压力 10.2 MPa。一般认为，优质硬岩不会产生较大的流变，但南非深部开采实践表明，深部环境下硬岩同样会产生明显的时间效应。此外引水隧洞沿线处于高地应力区，围岩岩性组合复杂，断裂构造、裂隙、结构面发育且多有软弱夹层。结构面对岩体的不均匀性、各向异性及岩体的力学性质都有很大的影响。其强度、变形、破坏以及蠕变等特性将直接影响岩体的实际、施工、运行、稳定和加固方案。前人对岩体结构面蠕变性质的试验研究并不是很多，对于深埋、高地应力环境下岩体结构面的试验研究更少。此外，对锦屏二级水电站的地质调查还发现，多数结构面具有软弱夹层，由于软弱夹层的力学性质远比岩石的力学性质差，也是影响洞室开挖和运行时稳定的重要因素。

本次试验所有试样均采自锦屏二级水电站边坡和地下洞室围岩中具有绿片岩软弱夹层的灰白色大理岩，大理岩软弱夹层结构面的取样难度较大，为保证获取的岩样未扰动，在岩样脱开母体后，捆绑后运回试验室。本次试验所采取的试样中绿片岩软弱夹层的发育程度并不完全相同，部分试样软弱夹层比较发育，且贯通性较好，而有些试样的软弱夹层则不是十分发育，这些都给试验结果的分析带来了一定的困难，但试样都是比较典型的地下洞室围岩中含绿片岩软弱夹层结构面的大理岩。加工试样时，根据软弱夹层的发育程度进行分别加工，加工时基本保证绿片岩软弱夹层位于试样的中间部位，以便于剪切蠕变试验的进行。试样加工的尺寸为 10 cm×10 cm×10 cm 的立方体试件，为保证加工质量，加工时采用红外线进行对准切割，试样的平整度得到了比较好的保证，试样具体情况见图4－1。结构面剪切蠕变试验所采用的试验机与第 2 章的结构面剪切试验相同，为长春试验机研究所研制的 CSS－1950 型岩石双轴流变试验机，该系统试验功能齐全(除流变试验之外，还可做单轴压缩及剪切试验等)，操作简便、自动化程度高，完全在计算机控制下进行。

图 4－1　含绿片岩软弱结构面的大理岩试样

4.2　软弱结构面常规剪切试验研究

在进行结构面蠕变试验之前，首先要对试件的快剪强度特性进行试验，快剪试验的目的是研究结构面的剪切强度特性，得到相应的剪切强度参数：内摩擦角和黏聚力，为蠕变试验分级施加荷载提供依据。快剪试验选取一定数量岩体试样进行，所选试样的结构面发育程度具有较好的代表性，母岩岩性也具有较好的代表性。根据所提供的原岩块本身条件，将其切割成 100 mm×100 mm×100 mm的试件做快剪试验。快剪试验依然采用岩石双轴流变试验机进行，试验共制样 14 个，由于天然岩体的离散性，试验在多种法向压力状态下做直剪试验，每种压力下做 1～2 个试样，部分试样快剪试验的剪切变形曲线如图 4-2 所示。

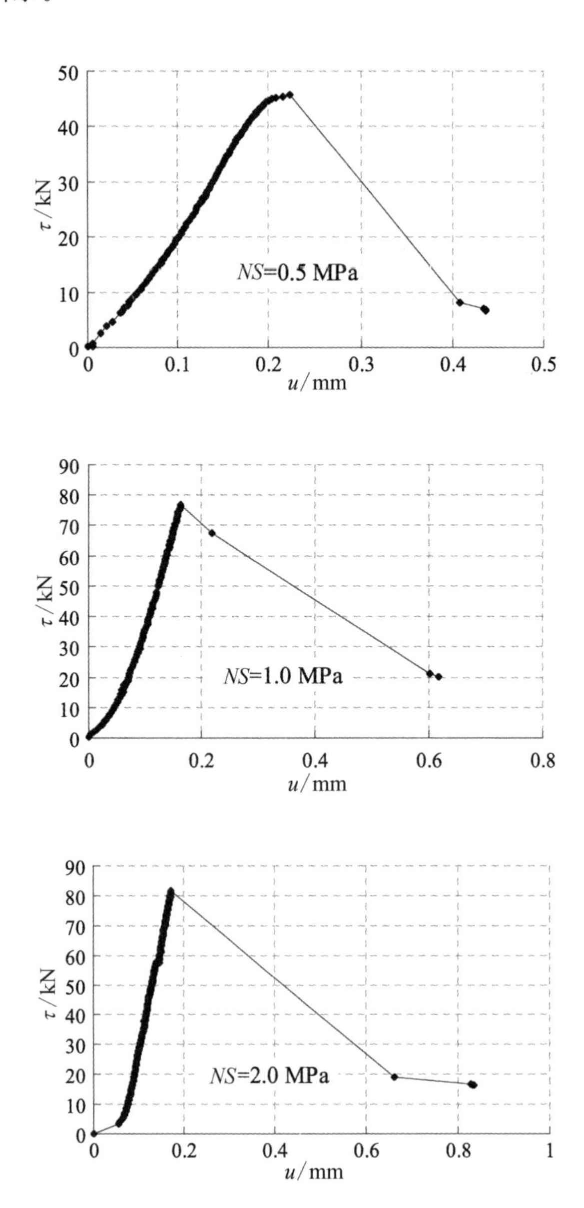

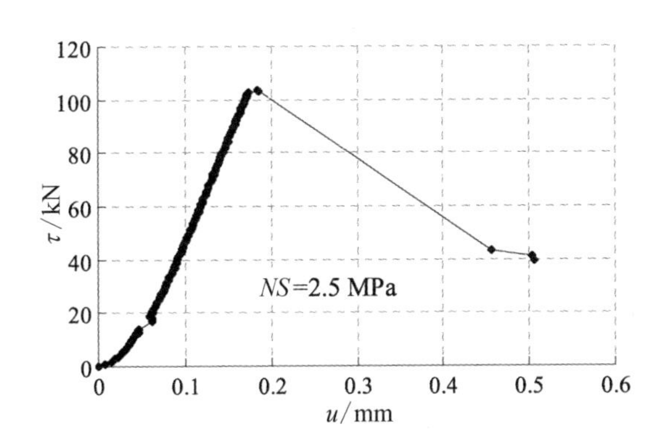

图4-2　部分结构面试样快剪试验剪切变形曲线图

从以上剪切变形曲线图可以看出，含绿片岩软弱结构面的大理岩剪切曲线主要表现出明显的脆性破坏特征，试件在剪切破坏的瞬间，位移迅速增大，应力在到达峰值后急剧减小。试验过程曲线主要表现为三个阶段：第一阶段为弹性变形阶段，这一阶段应力与应变近于线性关系，曲线斜率近似为一常数，试件内部原始裂纹逐渐闭合，岩体处于稳定状态；第二阶段为塑性变形阶段，曲线开始偏离直线，斜率逐渐减小，塑性变形随应力迅速增加，应力缓慢增长达到最大值，表现出微弱的应变硬化性质。在此阶段，原始裂纹扩展、新裂纹产生并不断发展，直至有规律的按一定方向逐渐汇合、贯通形成大裂纹，最终导致试件的破坏；第三阶段为应变软化阶段或应力下降阶段，试件变形迅速增大，而应力却急剧下降，试件内部裂纹已经贯通形成主控裂缝，控制着试件的变形。

从试验过程及试验结果来看，含绿片岩软弱结构面的大理岩剪切破坏强度呈现出较为明显的离散性，剪切破坏强度主要与软弱结构面的发育程度以及剪切破坏模式有关。在本次剪切试验中，试样的破坏主要有以下几种类型：试样沿软弱结构面发生剪切破坏，结构面非常发育，强度低；试样沿软弱结构面发生剪切破坏，结构面发育较平整，含少量岩石破坏；试样沿软弱结构面剪切破坏，岩样边缘有较大起伏，部分为岩石破坏；试样沿结构面发生剪切破坏，稍有起伏度，结构面不发育，含有较多岩石破坏；试样基本为完整岩石破坏，不具有结构面破坏特征。不同破坏类型的结构面强度差异很大，但大部分岩样的破坏基本上沿软弱结构面，且结构面发育较平整。试样剪切破坏特征如图4-3所示。

软弱结构面快剪试验的强度值具有较大的离散性，按照不同岩样的破坏类

(a) 沿结构面破坏

(b) 含较多岩石破坏

图 4-3　部分结构面试样快剪试验破坏形态

型，选取具有代表性的试验数据，根据 Mohr-Coulomb 剪切破坏准则，对剪切试验结果进行一元线性回归计算结构面的抗剪强度参数 C 和 φ，即式(4-1)：

$$\tau = c + \sigma_n \cdot \tan\varphi \tag{4-1}$$

式中，τ 为剪切应力；σ_{n} 为法向应力。

考虑到快剪试验结果要为蠕变试验加载分级提供参考，本次快剪试验所选取的法向应力从 0.5 MPa 到10 MPa共 8 种应力状态，以更加全面地获得软弱结构面的力学参数。根据结构面的发育情况以及破坏类型，将试验数据进行分类统计，具体试验结果如表 4-1 所示。根据绿片岩软弱夹层结构面直接剪切的试验结果并选取具有代表性的试样参数进行拟合，得到结构面黏聚力 C 为 6.5 MPa，内摩擦角 φ 为 51.2°。

表 4-1　绿片岩软弱夹层大理岩快剪试验结果　　单位：MPa

法向应力	剪切强度 1	剪切强度 2	剪切强度平均值
0.5	4.6	2.9	3.7
1.0	5.1	7.7	6.4
1.5	6.1	5.4	5.8
2.0	8.2	9.7	8.9
2.5	9.3	10.4	9.8
5.0	13.2	12.4	12.8
7.5	10.1	—	10.1
10.0	14.9	—	14.9

4.3　软弱结构面蠕变试验研究

岩体流变特性的试验研究主要有现场原位测试和室内试验两种方式。现场试验需要到实际工程中测试岩体介质的流变数据，增加了试验难度，实际应用中较少。室内流变试验主要有常应力下的蠕变试验、常应变下的松弛试验、常应力率下的流变试验及常应变率下的流变试验等种方式。目前，由于试验条件的限制，常应力率或常应变率下的流变试验应用较少，蠕变试验操作起来更容易，关于岩体流变的研究目前大多还是用蠕变试验，这方面的资料也比较多。

4.3.1　试验过程

一般的蠕变试验都是采用分级加载方式进行，分级加载就是在同一验室内样品上逐次加载不同的应力得到蠕变曲线，这种加载方式的蠕变试验可以很容易地在实验室中进行，而且能够保证为同一个岩样，所得到的蠕变曲线是一种阶梯形上升的曲线。虽然这种试验方法的试验结果在处理上会带来一些麻烦，但是为研究蠕变参数的时间相关性带来了可能。

本次试验对含绿片岩软弱结构面的大理岩进行了剪切蠕变试验，分级加载，试验采用立方体试件。整个试验过程中，基本可以认为是在恒温下进行的，可以忽略温度对试验的影响。分级加载时，首先根据常规剪切试验的结果大概估算试件破坏的应力值，然后再确定蠕变试验每一级的荷载增量。在蠕变试验过程中，加载时何时加下一级荷载是一个关键问题，目前，尚无一个规范、统一的标准，一般根据试件的应变速率或应变速率变化情况予以确定。本次剪切蠕变试验的步骤为：

(1) 首先施加法向荷载，读取变形数据，当法向变形稳定时开始施加剪应力，并维持该荷载，试验过程中尽量保持实验室的恒温恒湿环境，避免周围环境的振动和干扰。

(2) 剪切力至少分五级加载，每施加一级剪切力时立即测读瞬时位移，然后于一定时间间隔内读取剪切蠕变值，并保证施加最后一级剪切力时沿软弱结构面出现蠕变破坏。

(3) 测量每级剪应力作用下结构面的蠕变变形，直至该变形趋于稳定，参考《水利水电工程岩石试验规程》(SL264—2001)的规定，试验每级荷载维持3～5天，直至试件破坏。

(4) 当剪切变形速率小于5×10^{-4} mm/d时，表明岩石的剪切蠕变变形已经趋于稳定，开始施加下一级剪切力。

(5) 施加最后一级剪切力时，当发现剪切蠕变变形随时间有迅速增长的趋势时，应当设置计算机增加观测次数以反映最后的蠕变破坏阶段。

4.3.2 试验结果分析

本次含绿片岩软弱结构面大理岩的剪切蠕变试验结果见表4-2(表中根据绿片岩的厚度和贯通程度来确定结构面发育程度)，图4-4—图4-13给出了不同法向应力下大理岩试样水平方向的剪切力-变形曲线以及蠕变全过程曲线。

表4-2 绿片岩软弱夹层大理岩蠕变试验结果

试件编号	法向应力σ/MPa	蠕变破坏应力τ/MPa	破坏应力与快剪强度比值	结构面发育程度
CP1	5	11.5	0.898	一般发育
CP2	7.5	9.6	0.604	较发育
CP3	10	11.5	0.602	较发育
CP4	12.5	17.4	0.78	一般发育
CP5	15	17.0	0.667	发育

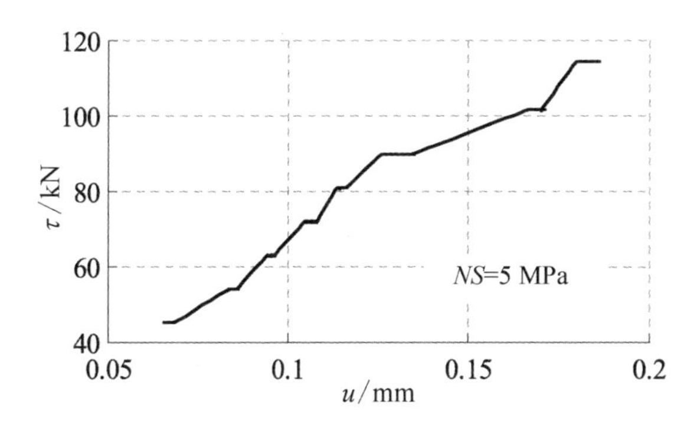

图 4-4　50 kN 法向荷载下结构面剪切力-变形曲线

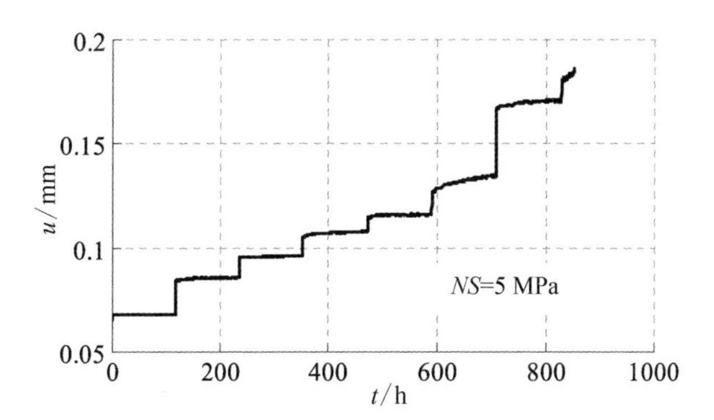

图 4-5　50 kN 法向荷载下结构面蠕变全过程曲线

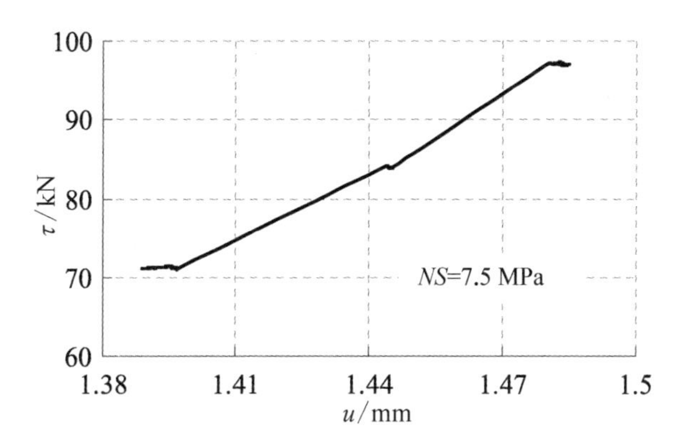

图 4-6　75 kN 法向荷载下结构面剪切力-变形曲线

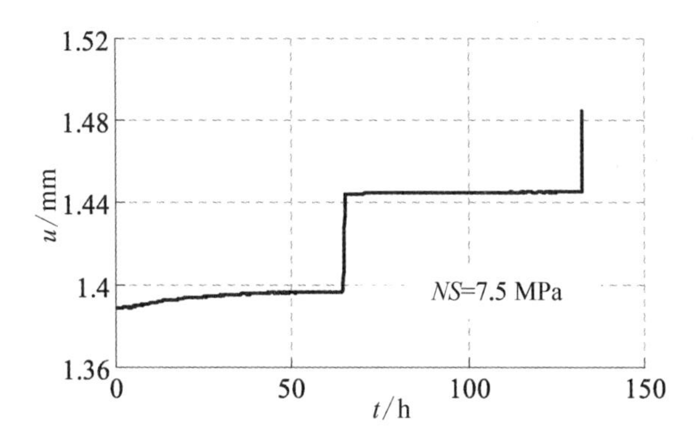

图 4-7　**75 kN** 法向荷载下结构面蠕变全过程曲线

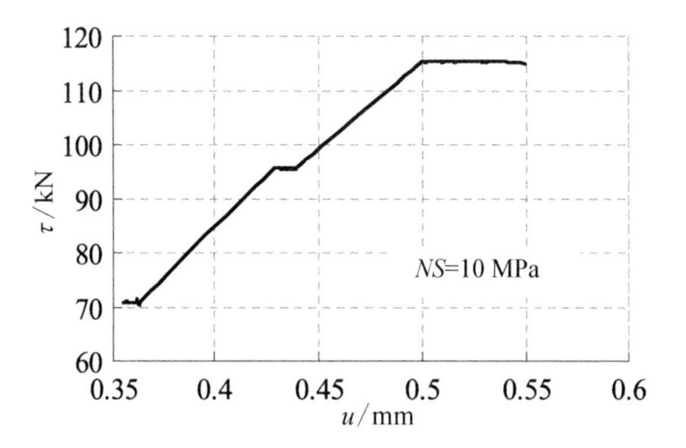

图 4-8　**100 kN** 法向荷载下结构面剪切力-变形曲线

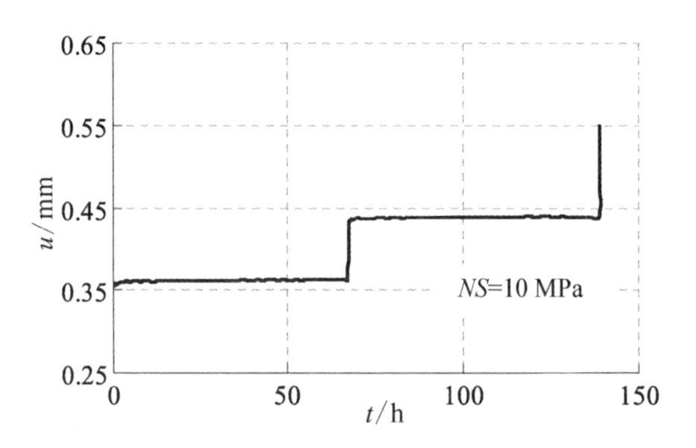

图 4-9　**100 kN** 法向荷载下结构面蠕变全过程曲线

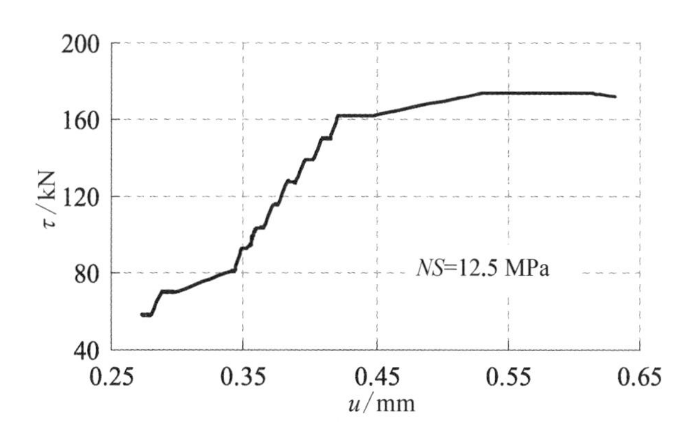

图 4－10　125 kN 法向荷载下结构面剪切力-变形曲线

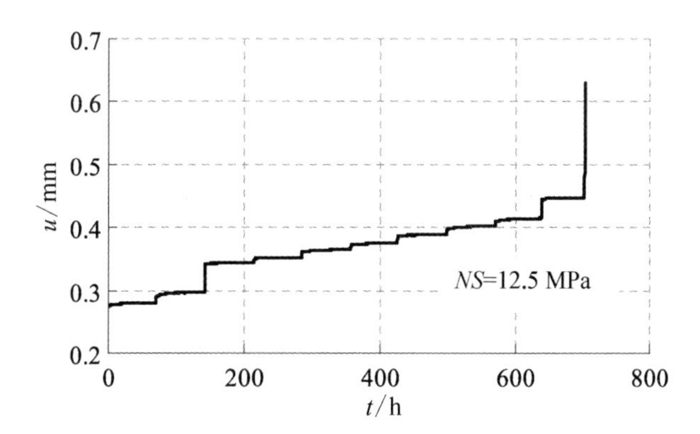

图 4－11　125 kN 法向荷载下结构面蠕变全过程曲线

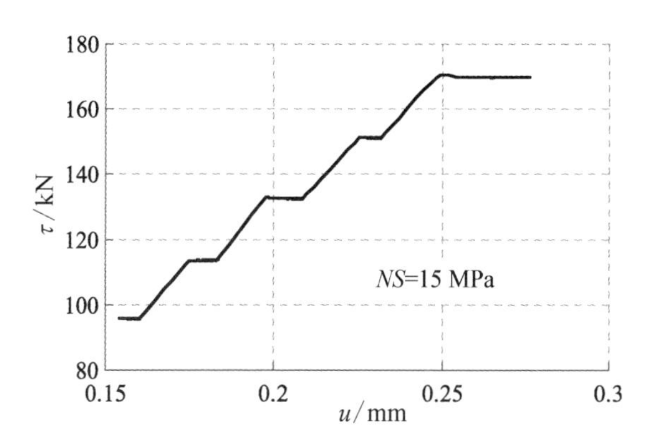

图 4－12　150 kN 法向荷载下结构面剪切力-变形曲线

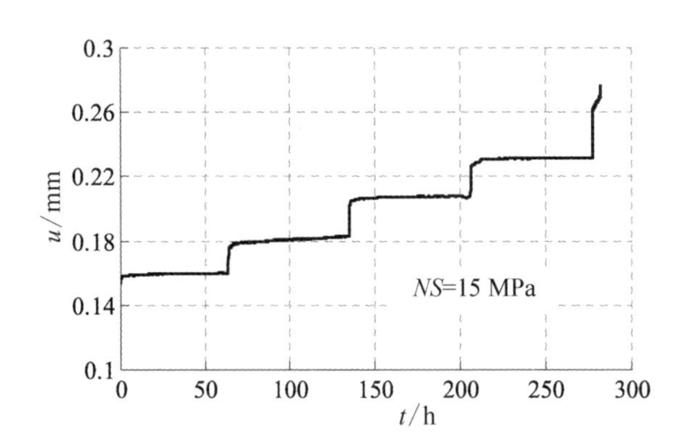

图 4-13　150 kN 法向荷载下结构面蠕变全过程曲线

从以上蠕变试验的全过程曲线可以发现，不同法向荷载下的试验加载级数出现明显的差异性，充分说明了结构面的发育程度对岩体强度的影响，同时也反映了软弱结构面蠕变试验的不确定性。不同的试样均出现了加速蠕变阶段，但持续时间较短，在剪应力级别较高的阶段，蠕变变形明显增大。从本次试验的结果可以看到，软弱结构面剪切蠕变的破坏特征与结构面的发育程度有密切关系，试验中试件的类型主要可以分为两种：结构面比较发育和结构面一般发育。绿片岩软弱夹层比较发育的大理岩试样，剪切蠕变试验过程中的瞬时弹性变形及蠕变量均比较大，试验加载级数很难达到所预测级别，蠕变破坏应力只有常规剪切破坏应力的 60%左右，而软弱结构面发育一般的试样，无论是瞬时弹性变形还是蠕变量均明显小于前者，试验加载级数基本能达到甚至超过预测标准，蠕变破坏应力一般在常规剪切破坏应力的 75%以上。从试样的破坏形态上看，结构面比较发育的试件蠕变破坏基本上沿着软弱结构面裂隙，破裂面平整均匀，破裂面基本上为绿片岩；而结构面发育一般的试件破裂面则呈现出一定的差异性，破裂面的边缘部分大多夹杂有部分大理岩破坏，且破坏面上有岩桥破坏的痕迹，破裂面也并不严格沿软弱结构面发生。不同试样的破坏特征如图 4-14 所示。

从试验中可以发现，结构面的破裂面上存在明显的强烈摩擦滑移作用留下的绿片岩粉末，表明在蠕变的过程中，岩体内部的剪切裂缝不断累积发展并最终导致时效性破坏的出现。实际上，从细观上来看，在应力水平较低时，特别是低于裂缝起始应力水平时，岩体内部的原有裂缝的闭合以及颗粒之间变形的协调等局部结构进行调整[154]，随着时间的发展，岩体变形随着时间的增长，并逐渐趋

图 4－14　绿片岩结构面蠕变试验试样破坏特征

于稳定，变形随时间几乎不再增加，岩体内部基本没有新的裂缝出现，形成衰减蠕变。对于硬脆性结构面岩体来说，只要内部应力低于裂缝起始应力水平，通常不会造成时效破坏问题。而在应力较高时，在这种较高应力的持续作用下，软弱结构面内部的细观裂缝在蠕变的过程中产生和发展，裂纹尖端随着时间而逐渐前移，裂缝宽度增加，导致岩体变形增加，开始出现体积扩容，但由于这种裂纹开裂扩展是稳定进行的，在宏观上表现为蠕变速率不变，即结构面呈现稳态蠕变，在短期中有可能不会出现时效破坏问题。当应力水平在高应力水平长期作用时，随着时间的发展，结构面内部不仅会产生大量新的细观裂纹，而且这些裂纹扩展连通，并逐渐形成主裂缝持续发展，裂隙体积进一步扩容。在主裂缝稳定扩展时，结构面为稳态蠕变，但此时的稳态蠕变速率显著大于前一段的稳态蠕变速率。在经历了一段时间后，内部的主裂缝失稳扩展，裂隙体积扩容加剧，蠕变速率增大，结构面蠕变变形加速发展，即出现了加速蠕变，也就意味着结构面时效破坏的到来。

4.3.3 蠕变经验公式计算

本次试验结果表明，绿片岩软弱结构面在恒定的剪切力作用下，很快完成弹性变形后，进入一段时间的衰减蠕变，继而是较长时间的稳态蠕变，当应力水平较高时还出现了加速蠕变阶段。从蠕变曲线形态上来看，绿片岩软弱结构面的蠕变并不是一个线形函数，在衰减蠕变和加速蠕变阶段均表现出明显的非线性特征，即使稳态蠕变阶段，曲线形态也比较复杂。鉴于以上一些曲线特征，选用如式(4-2)的经验公式对蠕变分级曲线进行拟合整理，然后进行进一步分析。

$$u = u_0 + A \cdot \exp(-Bt) + C \cdot t^n \tag{4-2}$$

式中，u_0为瞬时变形；$A \cdot \exp(-Bt)$反映衰减蠕变变形；$C \cdot t^n$ 主要反映结构面衰减蠕变之后变形曲线的复杂性以及非线性特性，通过流变指数 n 来进行调整；A、B、C 为常数，t 为时间。

根据经验公式拟合可以得到各试件对应于不同正应力水平时蠕变经验方程中的参数。由拟合结果可知，经验公式能较好地反映结构面剪切蠕变变形随时间的关系，拟合效果理想可。根据拟合公式整理后的数据得到各种法向荷载条件下软弱结构面的蠕变分级曲线如图 4-15—图 4-19 所示。

从软弱结构面的分级曲线图可以看出含绿片岩软弱夹层大理岩的剪切蠕变试验曲线明显表现出了三个蠕变阶段：衰减蠕变阶段、等速蠕变阶段和加速蠕变阶段。在试件施加剪切应力后，立刻产生瞬时弹性变形，每一种法向荷载下，都有一个起始蠕变应力，在剪切应力水平很低的时候，只有瞬时弹性变形，基本上不发生蠕变，当作用的应力水平大于该应力大小时才发生蠕变。在剪切应力

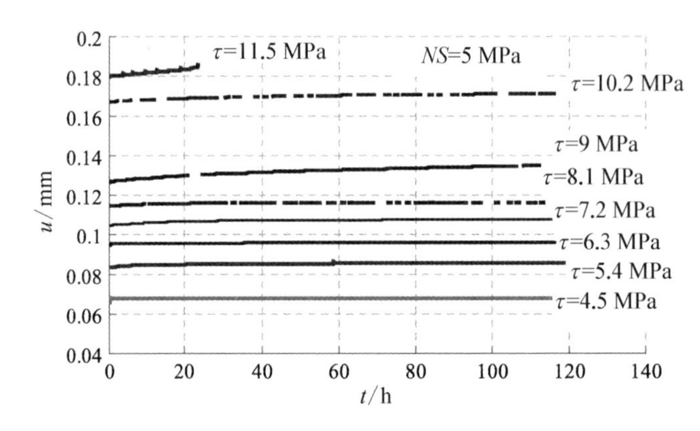

图 4-15　50 kN 法向荷载下软弱结构面蠕变分级曲线

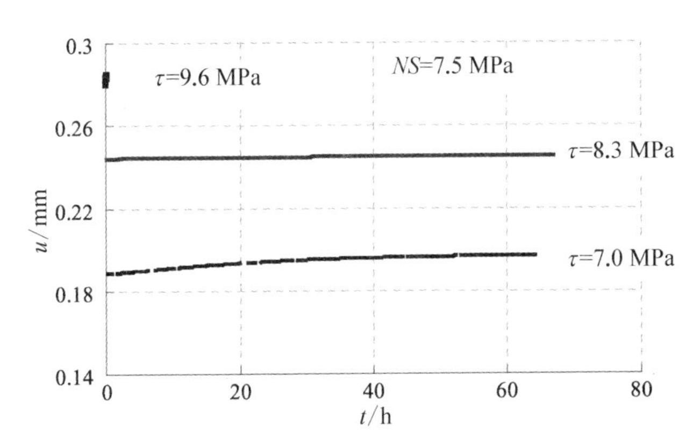

图 4-16　75 kN 法向荷载下软弱结构面蠕变分级曲线

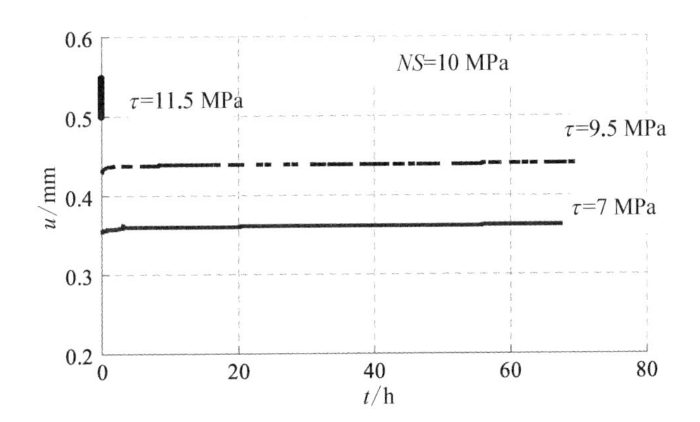

图 4-17　100 kN 法向荷载下软弱结构面蠕变分级曲线

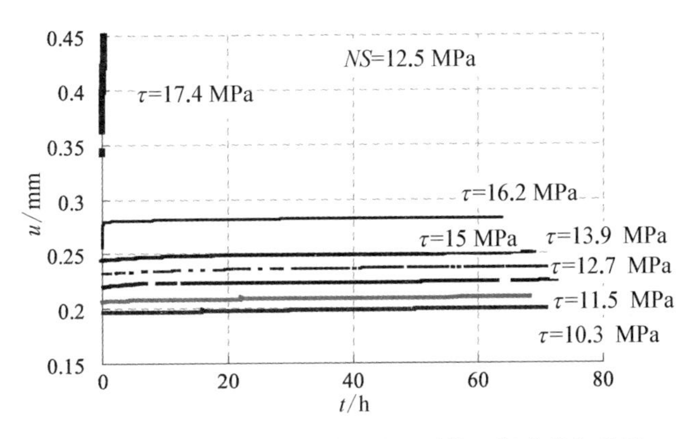

图 4-18　125 kN 法向荷载下软弱结构面蠕变分级曲线

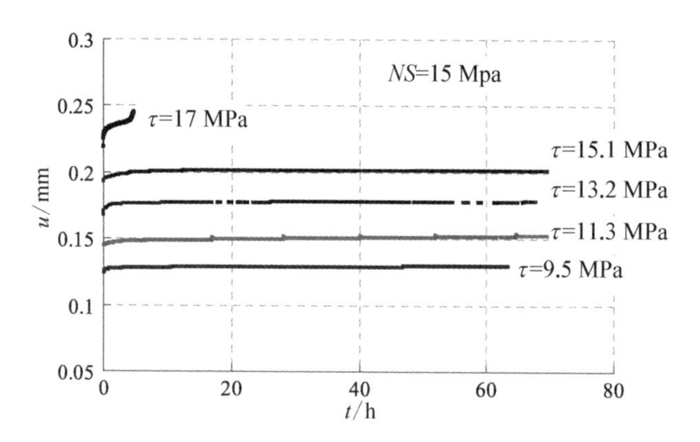

图 4-19　150 kN 法向荷载下软弱结构面蠕变分级曲线

水平较高时，蠕变会出现等速蠕变阶段，变形以恒定的速率发展，稳态蠕变时的蠕变速率要比低剪应力水平时的大。在应力水平很高时，试件会出现加速蠕变阶段，该阶段从产生到试件破坏历时较短，软弱夹层在蠕变破坏前，其速度增加很快，对比其初始蠕变可以发现，加速状态与初始蠕变的减速状态近乎相反（图 4-20），加速蠕变过程比较短，且很快发展到破坏，其余蠕变过程经历的时间相对较长。此外，破坏时试件为剪切流动破坏，剪切破坏面基本上沿着绿片岩软弱夹层充填的裂隙，蠕变破坏应力均小于常规剪切试验时的破坏应力，法向应力越大，使试样发生蠕变破坏所需要的剪应力也越大。

从分级曲线可以看到，在某级应力水平下，试件的剪切蠕变可能会出现两种情况：一是试件的蠕变在第一阶段就达到稳定，蠕变速率趋于 0；二是试件处于稳定蠕变状态，稳态蠕变速率为常数，当蠕变量及应力值达到一定程度则转变为加速蠕变，直至试件破坏。从结构面蠕变分级曲线可以得到不同载荷作用下软弱结构面的水平瞬时弹性变形和蠕变量，如表 4-3 所示（仅列五级荷载）。

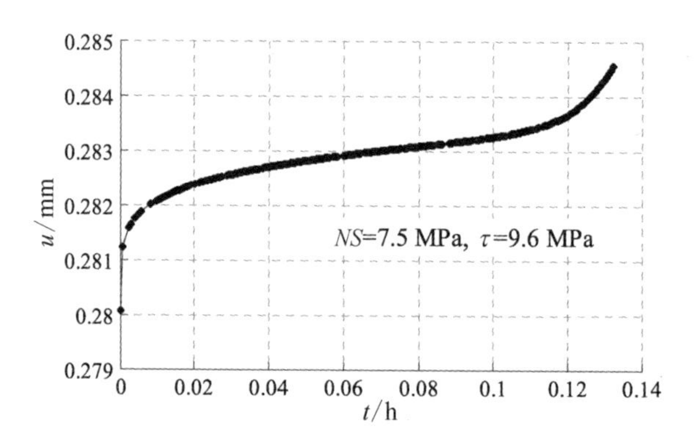

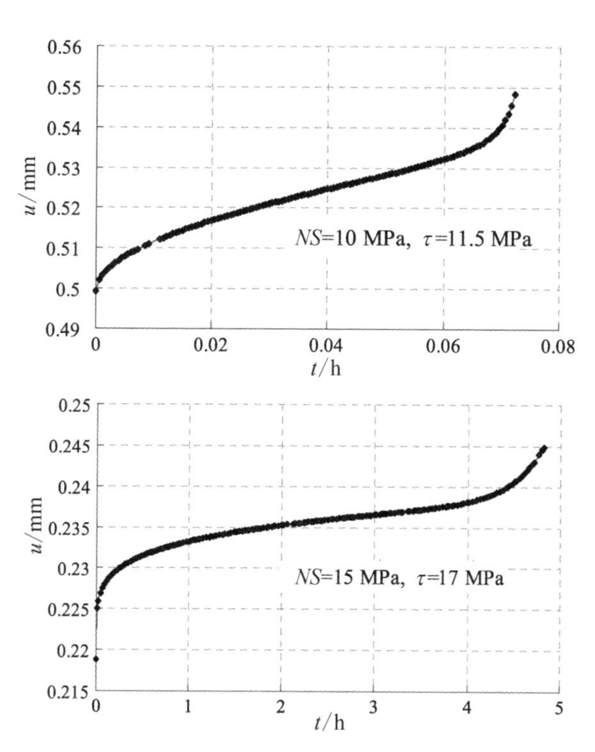

图 4-20　部分结构面加速蠕变阶段曲线

表 4-3　绿片岩软弱夹层大理岩各级荷载瞬时弹性变形量及蠕变量

试件编号	法向应力 σ /MPa	第一级荷载		第二级荷载		第三级荷载		第四级荷载		第五级荷载	
		瞬时 /mm	蠕变 /mm	瞬时 /mm	蠕变 /mm	瞬时 /mm	蠕变 /mm	瞬时 /mm	蠕变 /mm	瞬时 /mm	蠕变 /mm
CP1	5	0.065	0.003	0.016	0.002	0.009	0.002	0.009	0.003	0.006	0.002
CP2	7.5	0.189	0.009	0.047	0.001	0.035	0.005				
CP3	10	0.355	0.008	0.066	0.011	0.061	0.05				
CP4	12.5	0.197	0.003	0.007	0.003	0.008	0.006	0.007	0.005	0.007	0.006
CP5	15	0.124	0.006	0.015	0.008	0.014	0.011	0.014	0.011	0.017	0.017

由以上图表可以看到，含软弱结构面大理岩的瞬时弹性增量随着剪切力的增加而减小，而蠕变增量随着剪切力级别的增加而增加，且每一级蠕变量与每一级瞬时弹性量之比也同样在增加，也就是说随着应力水平的增加，蠕变量在总变形中所占的比重在增加。例如，当法向荷载为 100 kN 时，在第一级荷

载(应力强度比为 0.37)时,历时 72 h,剪切蠕变量仅为该级瞬时弹性变形量的 2.2%;在第二级荷载(应力强度比为 0.5)时,历时 72 h,剪切蠕变量为该级瞬时弹性变形量的 16%;在第三级荷载状态(应力强度比为 0.6)时,剪切变形发生稳态蠕变,并在较短的时间内变为加速蠕变,蠕变量为该级瞬时弹性变形量的 0.8 倍,仅历时 0.07 h 后试样就发生了破坏。当法向荷载为 150 KN 时,在第一级荷载(应力强度比为 0.37)时,历时 72 h,剪切蠕变量仅为该级瞬时弹性变形量的 4.5%;在第二级荷载(应力强度比为 0.44)时,历时 72 h,剪切蠕变量为该级瞬时弹性变形量的 56%;在第三级荷载(应力强度比为 0.52)时,历时 72 h,剪切蠕变量为该级瞬时弹性变形量的 76%;在第四级荷载(应力强度比为 0.59)时,历时 72 h,剪切蠕变量为该级瞬时弹性变形量的 68%;在第五级荷载状态(应力强度比为0.67)时,剪切变形发生稳态蠕变,并在较短的时间内变为加速蠕变,蠕变量为该级瞬时弹性变形量的 1.65 倍,历时 4.8 h 后试样发生了破坏。

不同法向应力下,软弱结构面试样在分级加载过程中每级应力下的总蠕变量随着应力级别的变化有所不同。当法向荷载较大时,随着剪切力级别的增加,软弱结构面蠕变变形量的增加幅度有所增大。在不同的法向荷载作用下,试验均表现出瞬时弹性增量逐级递减,而蠕变变形增量逐级增加的特点。随着法向荷载的增加,在应力强度比基本相同的情况下,法向荷载越大,蠕变变形量总体上在增加,因为此时剪切荷载也在增大。可以说,施加荷载的级别在很大程度上影响着软弱结构面大理岩的变形能力,增加了结构面的蠕变能力。当剪切力超过了结构面的长期强度时,试样在经历了短暂的稳态蠕变后,变形加速,即出现了加速蠕变,在几个小时内发生破坏。对于结构面发育程度不同的试样,蠕变变形量更大程度上会受结构面发育程度的影响,如图 4-21 所示,剪切应力大小相

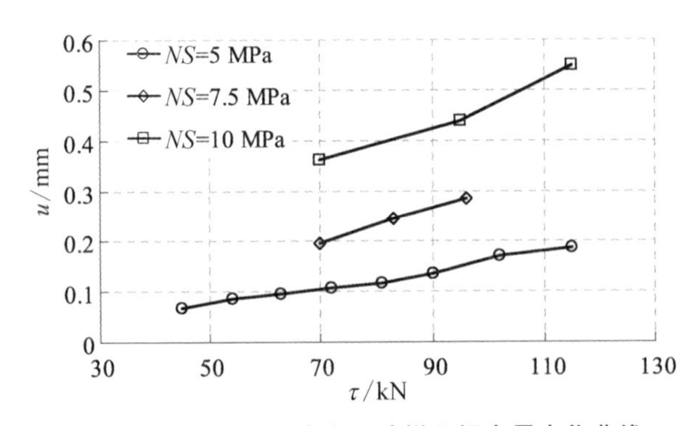

图 4-21　不同法向应力下试样总蠕变量变化曲线

近的情况下，结构面比较发育的试样，蠕变变形总量在法向应力大的情况下也还是比结构面不是很发育的试样大，应力级别此时不起主要作用。

4.3.4 软弱结构面蠕变速率特性

绿片岩软弱结构面的蠕变速率与蠕变的类型基本保持一致，通常情况下，一个完整的蠕变曲线包括四个阶段，即瞬时弹性段、初始蠕变段、稳态蠕变段和加速蠕变段，当结构面受到恒定应力作用时，发生瞬时弹性变形，也就是在 $t=0$ 时，岩体的蠕变速率趋向无穷大；随着时间增加，结构面进入了初始蠕变阶段，蠕变速率由无穷大逐渐减小到某一恒定值。如果应力大小到一定程度，随着时间的增长，蠕变速率不再保持这一恒定值，而是从这一恒定值开始逐步增加，同时蠕变变形呈加速增加，随后在短时间内发生破坏。对于比较坚硬的结构面岩体来说，只有在高应力状态下，也就是超过长期强度后，才有可能出现这一完整的蠕变曲线，而在中等应力状态时，也就是低于长期强度时，基本上不会出现加速蠕变，而表现为蠕变速率逐渐趋于某一大于零的常数即为稳态蠕变，或者趋于零而为衰减蠕变。可以看出，本次试验获得的蠕变曲线以稳态蠕变为主，而当施加的应力大小超过了一定程度后，出现了加速蠕变。这两种蠕变速率是影响结构面蠕变规律的两个主要特性，将蠕变速率分下面两种情况来讨论(图4-22)。

(1) 当试样的剪切力大小低于试样的长期应力屈服强度时，试样主要表现为稳态蠕变。由试验曲线可以得到稳态蠕变速率，例如，法向荷载为100 kN时，第一级荷载的稳态蠕变速率为 3.85×10^{-5} mm/h，第二级荷载时的稳态蠕变速率为 1.33×10^{-5} mm/h；法向荷载150 kN时，第一级荷载的稳态蠕变速率为 8.87×10^{-6} mm/h，第二级荷载时的稳态蠕变速率为 1.27×10^{-5} mm/h，第三级

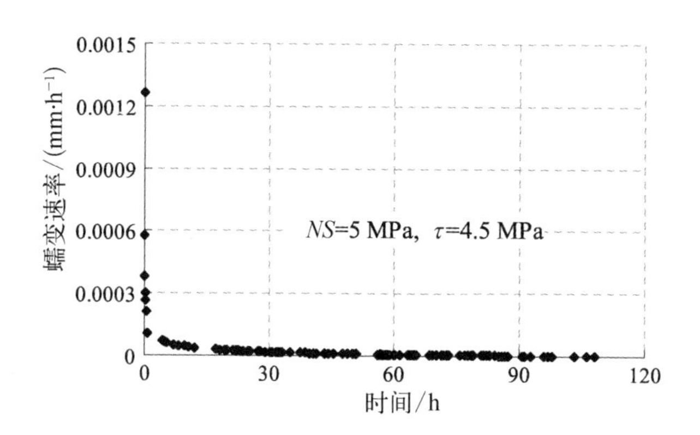

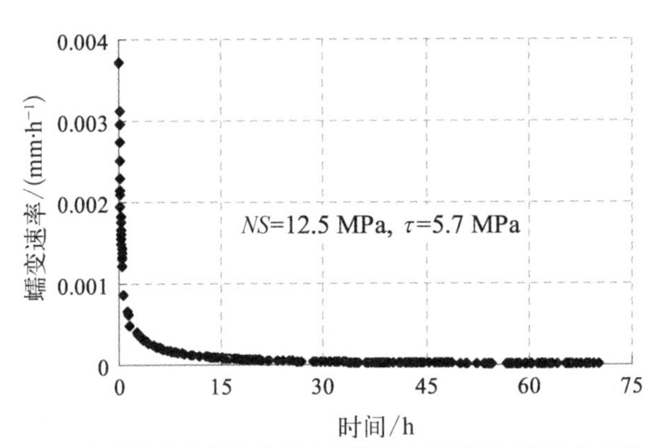

(a) 绿片岩软弱结构面在较低应力时蠕变速率变化曲线

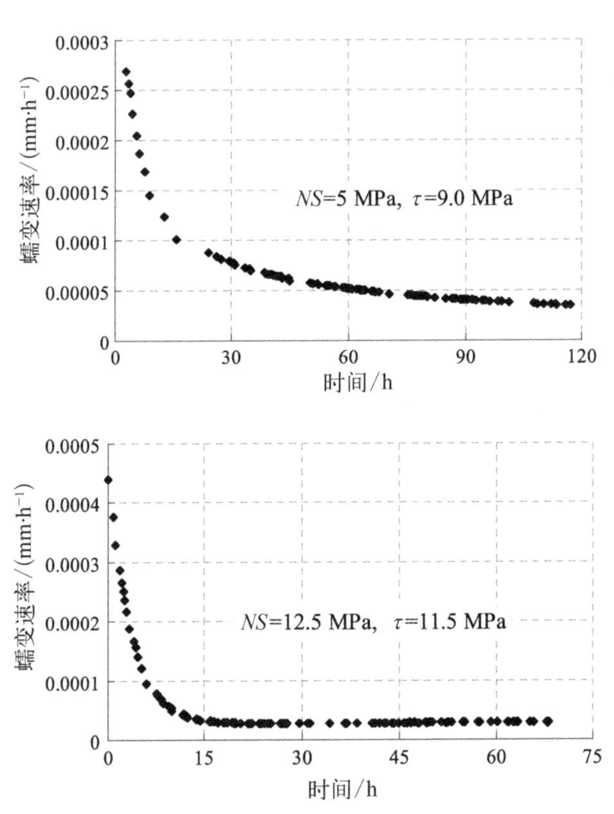

(b) 绿片岩软弱结构面在较高应力时蠕变速率变化曲线

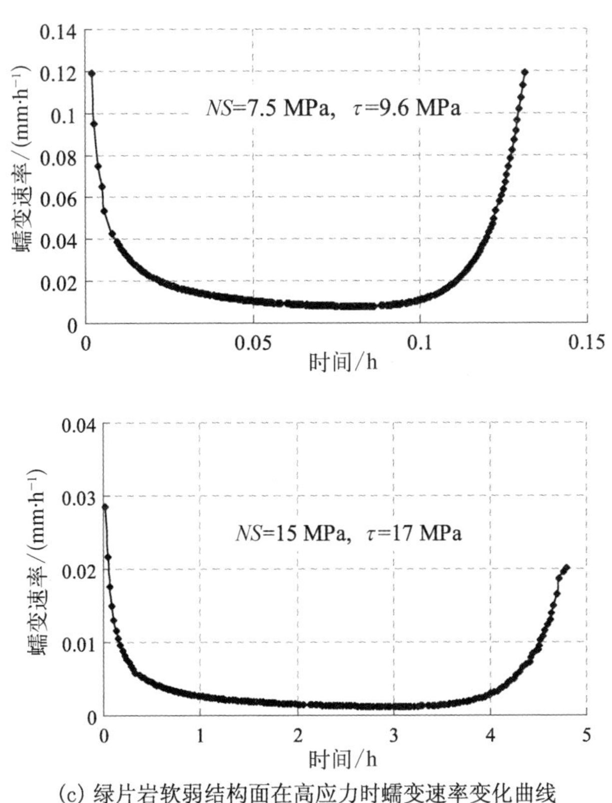

(c) 绿片岩软弱结构面在高应力时蠕变速率变化曲线

图4-22 绿片岩软弱结构面蠕变速率变化曲线

荷载的稳态蠕变速率为 4.03×10^{-5} mm/h，第四级荷载的稳态蠕变速率为 5.98×10^{-6} mm/h。可以发现，在相同的法向应力条件下，软弱结构面的稳态蠕变速率在试验时间内随着应力级别的提高而增大；在不同的法向应力时，剪切荷载大小基本相同的情况发现，软弱结构面的稳态蠕变随着法向应力的增加而减小，例如，当剪切荷载为 70 kN，法向荷载为 50 kN、75 kN、100 kN 时的稳态蠕变速率分别为 9.07×10^{-5} mm/h、4.76×10^{-5} mm/h、3.85×10^{-5} mm/h；当剪切荷载为 115 kN，法向荷载为 125 kN、150 kN 时的稳态蠕变速率分别为 5.98×10^{-5} mm/h、3.45×10^{-5} mm/h，可以看出，法向荷载的大小对蠕变速率起了明显的作用，也就是说增大法向荷载可以减小蠕变速率，在实际工程中，通过支护系统提高法向压力，可以降低岩体在受剪状态下的蠕变速率，增强地下工程岩体的稳定性，提高工程整体的安全性。

(2) 当试样的剪切力大于材料的长期应力屈服强度时，软弱结构面发生了加速蠕变。在这一阶段,结构面蠕变随着时间的演化经历了初始蠕变、稳态蠕变和加速蠕变三个阶段,第一阶段为初始蠕变,在该段时,由于剪切力超过了长期强度,岩体此时已处于损伤状态,其内部的裂缝随着时间的发展逐步扩展,结构面的强度开始降低,此段裂缝的扩展速度较为稳定,表现为蠕变速率逐步减小,并趋向恒定的蠕变速率,过渡到第二阶段即稳态蠕变,在该段中,蠕变速率保持不变,如法向荷载为 100 kN 时此段的蠕变速率为 0.35 mm/h,法向荷载为 150 kN时此段的蠕变速率为 0.001 mm/h。随着时间的发展,结构面内部裂缝连接并逐步贯通,形成潜在断裂面,此时在裂缝扩展的速度变得不稳定,并呈现加速状态,于是结构面的剪切变形随时间演化进入第三阶段即加速蠕变,此后,蠕变速率迅速增大,蠕变变形呈加速增长,结构面的剪切强度进一步弱化,无法继续保持稳定而出现失稳的剪切破坏。从试验中还可以观察到,结构面的蠕变破坏与体积扩容密切相关,结构面的破坏存在明显的扩容时间效应。

在本次绿片岩软弱结构面的加速蠕变阶段,结构面蠕变速率随蠕变时间迅速增大,可采用幂函数形式的蠕变方程式(4-3)来描述:

$$\dot{u}=\dot{u}_0+A(t-t_c)^n \tag{4-3}$$

式中,$\dot{u}$ 为加速蠕变阶段的蠕变速率;t_c 为稳态蠕变结束时对应的时间;$\dot{u}_0$ 为稳态蠕变阶段的蠕变速率;A 和 n 是与材料蠕变特性相关的常数。根据试验数据进行回归拟合,从拟合结果可以看出(图 4-23),曲线拟合度较高,利用幂函数形式对加速蠕变速率进行描述可以取得比较理想的结果。

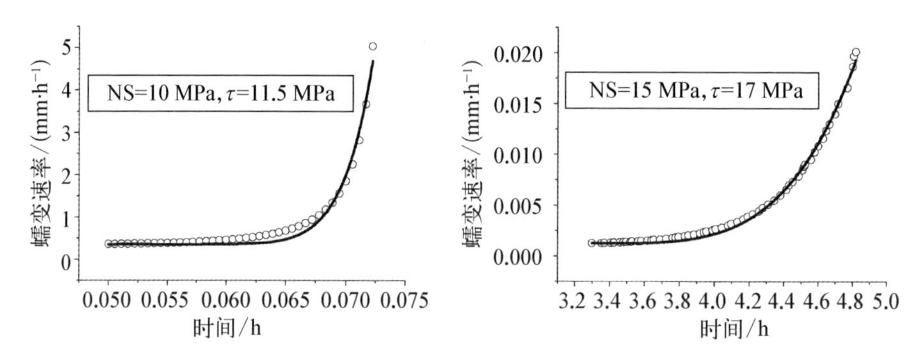

图 4-23　绿片岩软弱结构面加速蠕变阶段蠕变速率拟合曲线

绿片岩软弱结构面剪切蠕变试验,试件在加载过程中,随着剪切应力水平的增大,经历了三个蠕变阶段:衰减蠕变阶段、等速蠕变阶段和加速蠕变阶段。在较低应力水平下,仅发生衰减蠕变阶段,蠕变速率在开始时最大,然后逐渐减小，最后蠕变速率变为 0，蠕变停止；在较高应力水平下，出现等速蠕变阶段，蠕变速率在开始时最大，然后逐渐减小，最后减小到一定值时以恒定的速率发展；在更高应力作用时，出现了加速蠕变阶段，蠕变速率与时间的关系曲线像个盆形（图 4-24），蠕变速率经历了由开始较大，然后逐渐减小，到最小时基本上保持恒定，最后发展到迅速增加的过程，等速蠕变阶段和衰减蠕变阶段应变速率波动较小，表现出一定的规律性，法向荷载和剪切荷载都对蠕变速率有一定的影响。

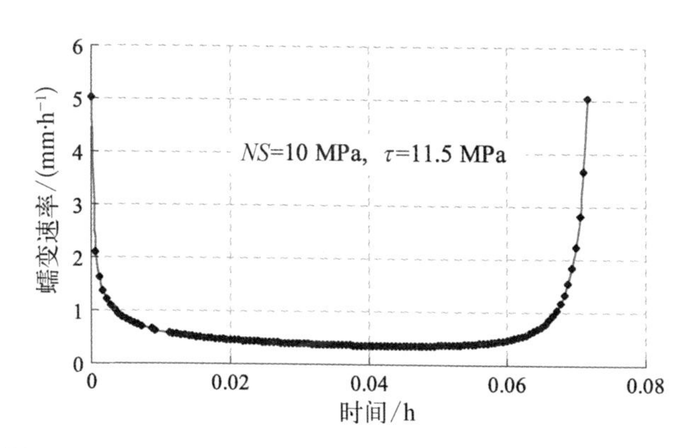

图 4-24　绿片岩软弱结构面加速蠕变阶段蠕变速率变化曲线

4.3.5　软弱结构面等时曲线及长期强度特性

本节基于上述绿片岩软弱结构面剪切蠕变试验结果，得到了绿片岩软弱结构面的等时曲线。由蠕变试验数据可做出结构面在不同法向压力下的力-变形等时曲线，图 4-25 给出了部分法向荷载条件下结构面的等时曲线，可以发现，随着法向压力的增加，相同剪切力作用下结构面的蠕变变形随之减小，而且法向压力越大，减小的量值越明显，也就是说，法向压力越大，相同剪切力作用下结构面的剪切蠕变变形越小，即法向压力对于结构面的剪切蠕变变形约束效应非常显著，若要得到相同的变形，法向压力越高需要的剪切力也就越大。在试验的应力范围内，结构面的流变变形随着应力的增加基本上呈线性关系，这些等时曲线具有明显的相似性，在应力水平较低时，随着时间的增加结构面的蠕变变形表现的不是很显著；在较高应力水平时，随着时间的增加，结构面的蠕变变形开始变得明显；而高应力水平时，结构面的蠕变变形随着时间的增加而加速增长。从等时曲线中可以看出不同法向压力下的等时曲线都表现出类似的规律，每一个法向压力下，$t=0$ 时，等时曲线近似于直线，瞬时变形可认为为弹性变形，不考虑瞬时塑性变形，同一法向压力下，不同时刻下的每条等时曲线不再是直线或者折线，而是一簇曲线，说明流变是非线性的。随着时间的推移，粘性变形的发展导致等时曲线越向应变轴偏靠；应力水平越高，等时曲线偏离直线的程度也越大，说明非线性程度随应力水平的提高而增强；另外，随着时间的增长，等时曲线偏离直线的程度增加，说明非线性程度亦随时间的增长而增强，这些是可以直接从蠕变曲线及等时曲线上得到的材料非线性流变的基本特性。需要说明的是，本次蠕变等时曲线中部分曲线出现了硬化的现象，但由于试验结果有限，笔者尚不能确定这种硬化现象是否属于材料本身的特性，其中机理还需要进一步研究。当剪切应力小于屈服强度时，结构面表现为线性黏弹性的特性，而当应力大于屈服强度时，表现为非线性黏塑性的特性。因此，如用模型理论来描述结构面的蠕变特性，可用线性黏弹性模型与非线性黏塑性模型串联而成。从等时曲线来看，直线段较长，而曲线段较短，可见绿片岩软弱结构面的黏弹性阶段较长，整个黏弹性变形相比黏塑性变形要大，黏塑性变形在总的粘性变形中占较小的一部分，蠕变以黏弹性为主。

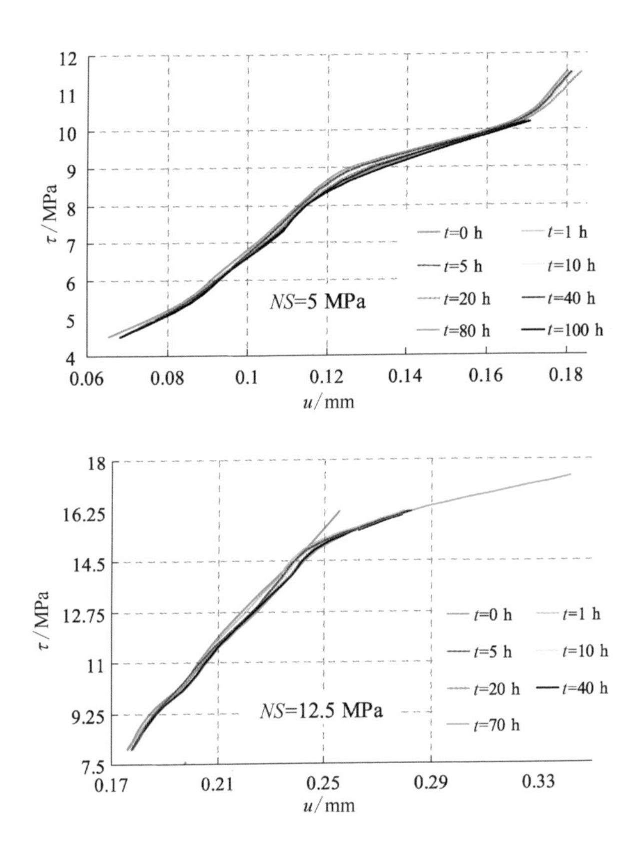

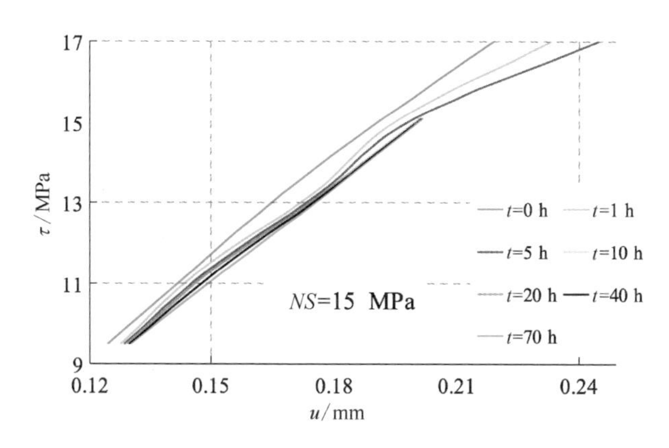

图 4-25　部分法向应力条件下绿片岩软弱结构面等时曲线

岩体结构面的长期强度是指随着荷载的增大，结构面由趋稳蠕变转为非趋于稳定蠕变，即随着荷载的增大，岩体由稳定转变为经过蠕变而破坏。岩体的长期强度用 τ_∞ 来表示。在从岩体结构面具有的强度特性来看，蠕变观测所揭示的是计入时效特征后介质的长期强度指标，该值较常规瞬时强度有明显的降低，对于那些时效特征比较明显的岩体材料，按照瞬时强度设计往往比较难以保证工程在长期条件下的安全和稳定。可以从结构面剪切位移全过程曲线来定性地说明岩石结构面在受到外力作用下的蠕变过程。图 4-26 为结构面全过程曲线与长期蠕变试验的轨迹图，图中 AB 为蠕变终止轨迹线，如果应力小于 τ_G，将不会产生蠕变变形，当应力大于 τ_H 时，将会产生破坏性的蠕变变形，当应力在两者之间时，将会产生蠕变变形，但不会发生破坏，实际上 τ_G 就是模型中的初始屈服强度，而 τ_H 为长期强度 τ_∞。

剪应力和剪切变形等时曲线的拐点反映了结构面剪应力随剪应变增加而变

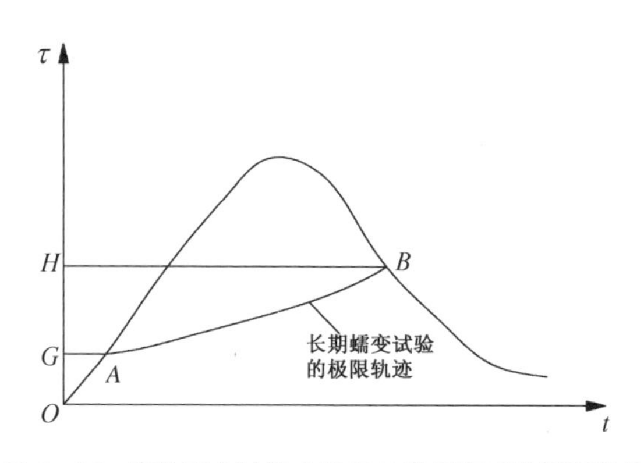

图 4-26　结构面全过程曲线与长期蠕变试验极限轨迹

化的转折点即临界值，也就是结构面在剪切蠕变条件下的应力屈服点，因此可以将屈服点处的剪应力作为结构面在该法向应力下的长期剪切强度，然后按照库仑准则绘制长期强度曲线，进而可以得到结构面的长期强度参数，具体方法见第3章3.2.4节。图4-25为部分结构面等时曲线图，根据等时曲线可以确定绿片岩软弱结构面在不同法向应力条件下的长期剪切强度(图4-27)。

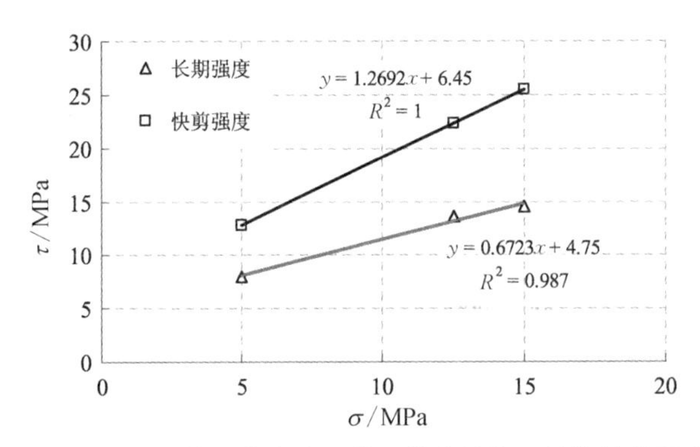

图4-27 根据等时曲线确定的绿片岩结构面长期抗剪强度

此外，根据前面的分析可知，绿片岩软弱结构面在不同剪应力作用下，试件所产生的变形过程和蠕变速率是不一样的，结构面蠕变速率和总变形量受材料特性(弹塑性或黏弹性)和作用载荷制约。根据试验结果做出结构面稳态蠕变阶段的蠕变速率与作用载荷之间的关系曲线，其拐点反映了结构面剪切蠕变试验过程中稳态蠕变速率变化的一个转折点，稳态蠕变速率的增大可以认为是由于结构面内部发生破裂而导致的，因此可以用该拐点的应力值作为结构面的长期强度。根据试验结果得到的绿片岩结构面蠕变速率与剪应力关系图如图4-28所示，同时可以得到绿片岩软弱结构面长期抗剪强度(图4-29)。

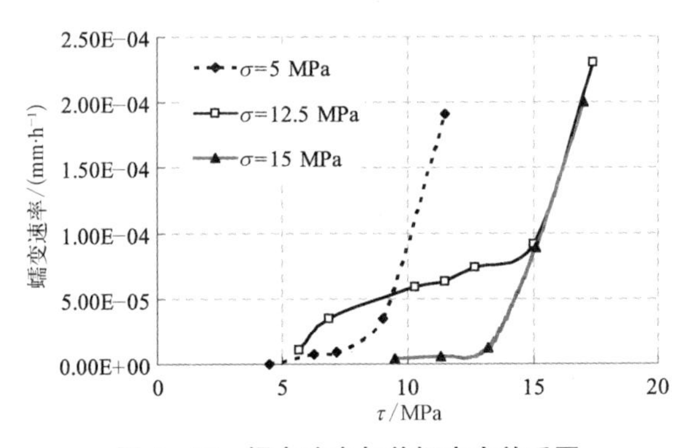

图4-28 蠕变速率与剪切应力关系图

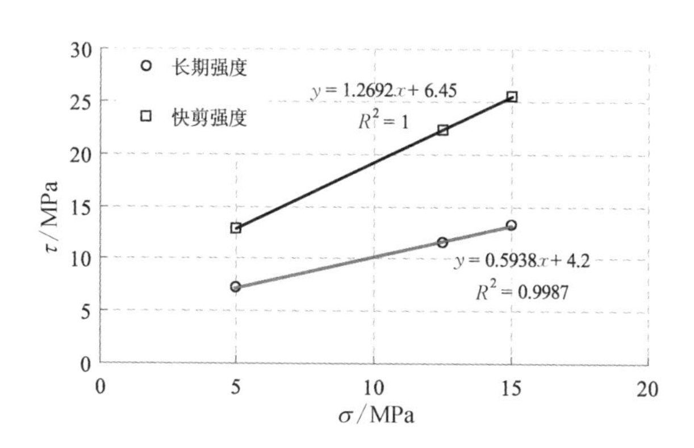

图4-29　根据蠕变速率与剪应力关系确定的绿片岩结构面长期抗剪强度

根据以上两种方法得到的绿片岩软弱结构面长期强度与快剪强度的对比情况如表4-4所示，从表中可以看出，两种方法确定的绿片岩长期强度值差别不大，绿片岩软弱结构面长期抗剪强度值约为快剪强度的60%左右，根据摩尔库仑准则可以得到绿片岩软弱结构面的长期抗剪强度参数，黏聚力 C 约为4.5 MPa，内摩擦角 φ 约为32.4°。

表4-4　绿片岩软弱结构面长期强度快剪强度对比表

试件编号	法向应力 σ /MPa	快剪强度 /MPa	长期强度 1(MPa) 及强度比 (等时曲线法)	长期强度 2(MPa) 及强度比 (蠕变速率法)	破坏应力与快剪强度比值
CP1	5	12.8	8/0.62	7.2/0.59	0.898
CP4	12.5	22.3	13.6/0.61	11.5/0.56	0.78
CP5	15	25.5	14.5/0.57	13.2/0.54	0.667

软弱结构面长期强度的确定是一个比较困难和复杂的课题，本次确定绿片岩软弱结构面长期强度的两种方法是根据试验资料和蠕变理论进行的，试验得到的绿片岩软弱结构面长期抗剪强度值为快剪强度的60%左右，但是长期强度的取值既要考虑工程特点，又要考虑岩体力学特性进行综合分析，讨论流变长期强度必须有时间概念，长期强度的确定方法应该尽量减少人为因素，提高科学性和精确性。

4.4　软弱结构面剪切流变模型研究

岩体流变本构模型的研究，特别是高应力作用下脆性岩体结构面的剪切流变本构模型研究，作为流变模型理论的重要组成部分至今还很不成熟，在面向工程应用时还有很多地方需要探讨。这一方面是由于流变试验条件所限，特别是岩体结构面试样的复杂性，导致试验结果离散性较大，另一方面也可能是工程设计中关于此类问题并没有过多地考虑。然而，随着地下工程向深部发展，特别是那些地应力较高的工程岩体，流变特性非常突出，需要对岩体流变模型理论作更为深入地研究。

对于高应力下的深埋长大隧洞，围岩体在开挖形成后，存在滞后和持续的破坏现象，这些现象反映了高应力下脆性岩体流变破坏的独特性。通过对本次试验获得的不同正应力水平下绿片岩软弱结构面剪切蠕变曲线进行分析可知，绿片岩软弱结构面剪切蠕变曲线可以归纳为图 4－30 中的三种类型。由图 4－30 可见，曲线 1 与曲线 2 均只具有初期剪切流变与稳态剪切蠕变 2 个阶段，仅反映软弱结构面的粘弹性特征，不同的是曲线 2 具有大于零的稳态剪切蠕变速率，而曲线 1 的稳态剪切蠕变速率近乎为零。而曲线 3 则具有初始剪切蠕变、稳态剪切蠕变与加速剪切蠕变三个阶段，反映的是软弱结构面的粘弹塑性特征。

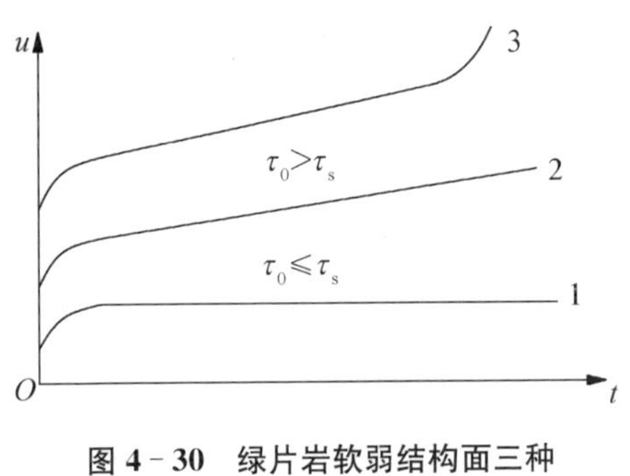

图 4－30　绿片岩软弱结构面三种典型的蠕变曲线

4.4.1　软弱结构面蠕变曲线类型

通过观察可知，本次锦屏二级水电站引水隧洞中绿片岩软弱结构面剪切蠕变为非线性流变体，在一定应力水平下会发生非线性蠕变，表现出加速蠕变特征。绿片岩软弱结构面在不同应力水平下的蠕变曲线并不相同，可分为以下三种类型：

（1）衰减蠕变——在应力水平较低时，只出现蠕变第一阶段，当结构面施加剪切力后，会出现瞬时变形，随后进入衰减蠕变，变形随时间的推移逐渐增大，但其增大的幅度逐渐减小，最终趋于稳定，蠕变速率也随时间逐渐减少，最终蠕变速率趋于 0（图 4－31）；

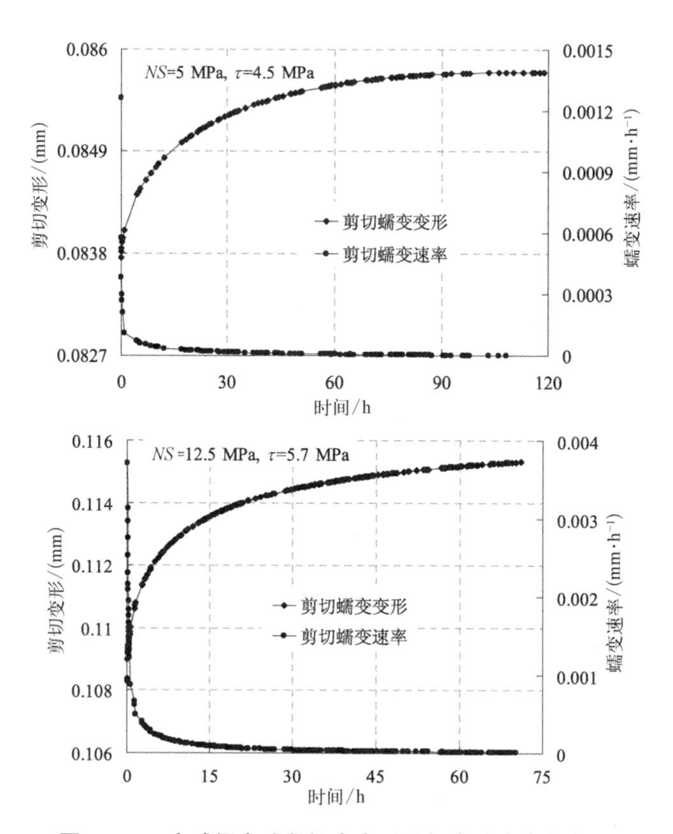

图 4－31　衰减蠕变阶段蠕变变形及蠕变速率变化曲线

(2) 稳态蠕变——在应力水平较高时，存在蠕变第一、第二阶段，第二阶段蠕变曲线稍有上升的趋势，每级荷载下的稳态蠕变速率均不为 0，但没有出现加速蠕变阶段(图 4－32)；

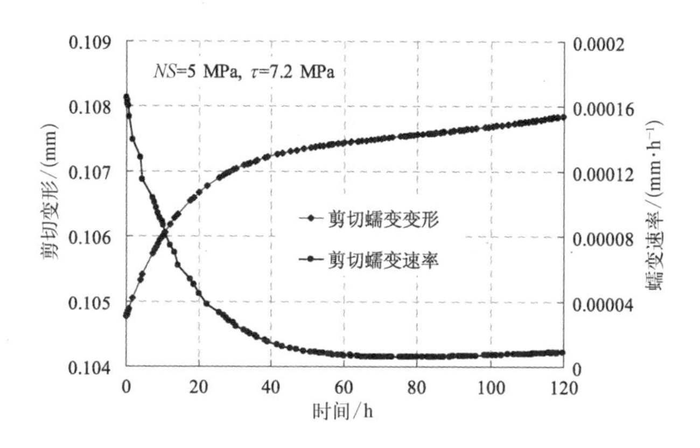

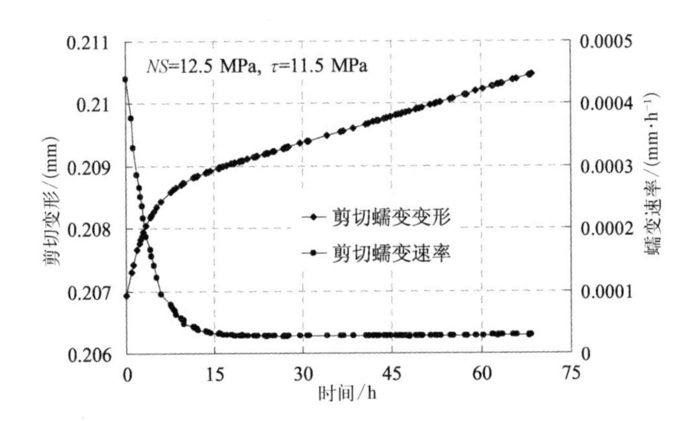

图 4-32 稳态蠕变阶段蠕变变形及蠕变速率变化曲线

(3) 加速蠕变——在应力水平很高时,连续出现蠕变三个阶段,变形迅速增加,蠕变速率随着时间迅速增大,最终导致结构面剪切破坏(图 4-33)。

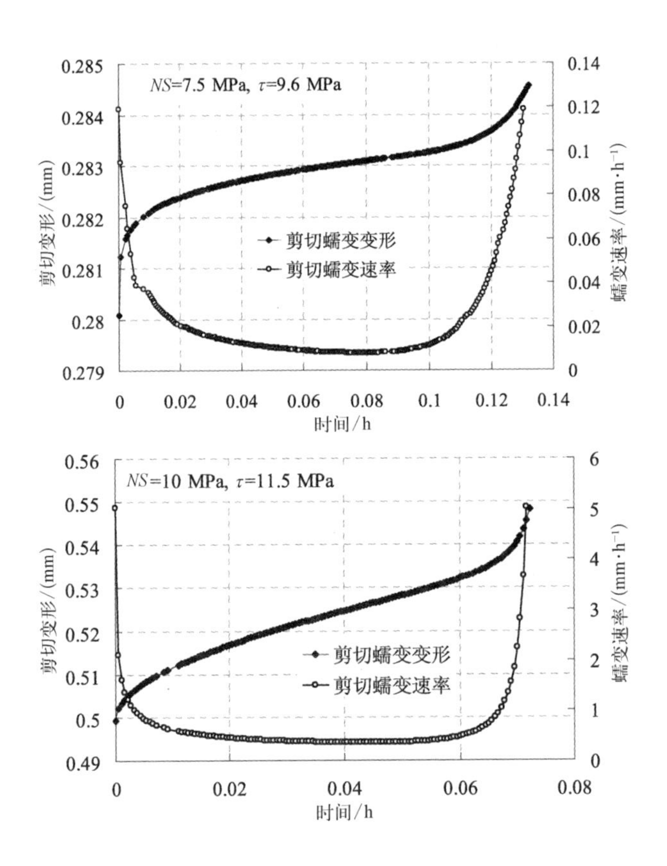

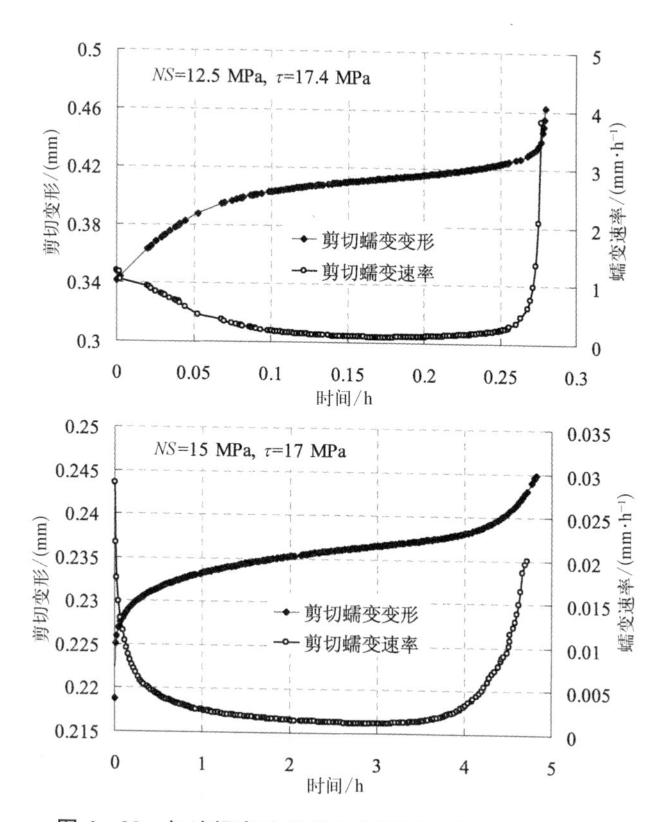

图4-33　加速蠕变阶段蠕变变形及蠕变速率变化曲线

通过对以上结构面剪切蠕变曲线的观察可以发现，本次剪切蠕变试验曲线有以下几个特点：

(1) 在荷载作用瞬间，结构面试件产生与时间无关的瞬时弹性变形，可用弹性元件来描述。

(2) 在低应力水平时，产生与时间有关的蠕变变形，其大小不仅与时间有关，而且还与应力水平有关，可用弹性元件和粘性元件的并联来描述。

(3) 在应力水平较高时，蠕变出现稳态蠕变阶段，可以用黏性元件和塑性元件的并联来描述。

(4) 当应力水平很高，时间到达到某一时刻时，蠕变出现加速阶段，必须采用非线性元件进行描述。

4.4.2　非线性剪切蠕变模型

现有的研究多集中在岩体流变的初始阶段和稳态阶段，而对于工程围岩体稳定性和使用寿命密切相关的加速流变的研究还未能取得预期的效果。由于采用以往的线性黏弹塑性流变模型，无法描述加速剪切流变阶段的黏弹塑性特征，因而需采用非线性流变模型。通常建立岩体非线性流变模型主要有采用非线性流变元件代替常规的线性流变元件（如弹性体、塑性体和粘性体等）和采用新的理论（如内时理论、断裂及损伤力学理论等）来建立流变模型。这两种方法建立的流变模型均能较好地描述加速蠕变变形。本文采用第1种方法来建立新的非线性黏弹塑性剪切流变模型。

从过去的研究成果可以看出，Burgers 模型和广义 Kelvin 模型都可以很好地描述岩体结构面的剪切蠕变的瞬时变形、初始蠕变和稳态蠕变，但不能描述结构面的破坏行为。因此要描述结构面蠕变的全过程（瞬时变形、初始蠕变、稳态蠕变和加速蠕变），必须采用其他的蠕变模型。

软弱结构面在分级加载条件下的剪切蠕变变形可以分为弹性变形 γ_e、黏弹性变形 γ_{ve} 和黏塑性变形 γ_{vp}（式(4－4)）：

$$\gamma=\gamma_{\mathrm{e}}+\gamma_{\mathrm{ve}}+\gamma_{\mathrm{vp}} \tag{4-4}$$

从本次试验蠕变变形的结构来看，可以采用五元件的西原模型来描述结构面的衰减蠕变和稳态蠕变两个阶段。西原模型是由广义开尔文体和一个粘性体串联而成，如图 4－34 所示，西原模型能较为完整地描述衰减蠕变、稳态蠕变和非稳态蠕变几种蠕变曲线。

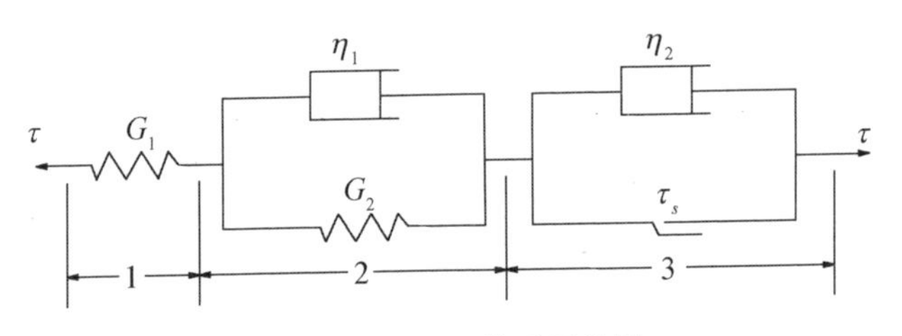

图 4－34　西原模型元件图

从西原模型的元件图中可知，当 $\tau\leqslant\tau_{\mathrm{s}}$ 时，没有出现粘塑性模型，因此该模型退化为 Kelvin 模型（式(4－5)），此时西原模型的蠕变本构方程分别为[33]：

$$\gamma=\gamma_{\mathrm{e}}+\gamma_{\mathrm{ve}}=\frac{\tau}{G_1}+\frac{\tau}{G_2}\left(1-\mathrm{e}^{-\frac{G_2}{\eta_2}t}\right) \tag{4-5}$$

当 $\tau>\tau_{\mathrm{s}}$ 时，西原模型的蠕变本构方程分别为：

$$\gamma=\gamma_{\mathrm{e}}+\gamma_{\mathrm{ve}}+\gamma_{\mathrm{vp}}=\frac{\tau}{G_1}+\frac{\tau}{G_2}\left(1-\mathrm{e}^{-\frac{G_2}{\eta_2}t}\right)+\frac{(\tau-\tau_{\mathrm{s}})}{\eta_1}t \tag{4-6}$$

式(4-6)与 Burgers 模型形式上类似，但是有本质上的不同。Burgers 模型只有黏性变形，没有黏塑性变形，西原模型则相反。当西原模型进入黏塑性变形后，描述速率不为 0 的蠕变变形阶段的效果和 Burgers 模型基本一致，但略有不同。Burgers 模型虽能描述衰减蠕变和黏性定常蠕变，但是由于没有屈服极限而无法描述结构面长期强度以上的蠕变规律，该模型中永久变形是纯黏性流动所导致。西原模型既可以描述长期强度以下的结构面衰减蠕变，也可以描述长期强度以上的稳态蠕变，但由于模型是由线性流变元件串联而成，其反映的仅是线性黏弹塑性的性质而不能反映结构面的加速蠕变特性。

岩体结构面产生非线性流变的主要原因是存在于结构面中的各种初始缺陷在恒定应力水平的作用下，将经历一种演化扩展过程，同时结构面内部矿物颗粒介质本身也会晶粒滑移等，这样结构面内部材料的几何组构也随之发生变化，从而使结构面的变形与强度发生非线性变化。从本次结构面剪切蠕变试验结果来看，在低应力水平作用下，结构面内部可能几乎没有新的细观裂纹产生，而在较高应力水平作用下，结构面开始随时间不断变化，在蠕变过程中有大量细观裂纹产生与扩展，并逐步形成细观主裂面，而在高于长期强度的应力水平作用下，发生加速流变阶段，流变损伤累积和细观主裂纹迅速扩展演化，这一过程必然会导致结构面宏观力学参数的变化。从试验中可以发现，绿片岩结构面的破裂面上存在明显的强烈摩擦滑移作用留下的绿片岩粉末，表明在蠕变的过程中，内部的剪切裂缝不断累积发展并最终导致破坏。因此，可以认为绿片岩软弱结构面产生非线性剪切流变的主要原因是由于在恒定剪应力水平作用下，存在于岩体材料中的微裂纹随着时间的增长，将经历一种演化扩展断裂的过程，所以可以认为结构面非线性剪切蠕变变形是时间的函数。

结构面非线性流变元件模型可以将复杂的性质用直观的方法表现出来，目前对非线性流变力学特性的研究，大多都是以非线性流变元件为基础的。本节通过对蠕变全过程曲线及加速蠕变段应变率的分析，在经典元件模型西原模型中串联一个新的非线性流变元件用来描述结构面在高应力水平下的稳态蠕变与加速蠕变。考虑到加速蠕变阶段的蠕变速率非线性增大和结构面的粘滞系数随时间的推进而逐渐降低，再结合本次绿片岩软弱结构面的加速蠕变阶段，结构面蠕变速率以幂函数形式随蠕变时间迅速增大，则非线性流变元件中蠕变变形与时间的关系如下式所示：

$$\gamma = \frac{\tau}{\eta}[H(t-t_c)]^n \tag{4-7}$$

式中，η与n均为蠕变参数，n定义为流变指数，反映结构面加速蠕变的快慢程度，t_c为从稳态剪切蠕变向加速剪切蠕变过渡的起始时刻，H是开关函数，其表达式如下式所示：

$$H(t-t_c)=\begin{cases}0, & (t\leqslant t_c)\\ t-t_c, & (t\geqslant t_c)\end{cases} \tag{4-8}$$

从式(4－7)与图4－35不难看出，在$t>t_c$以后，随着时间的增长，结构面剪切变形与变形速率均呈非线性增加，因而该非线性元件能充分反映结构面加速流变特性，可以用于描述结构面非线性加速流变变形。

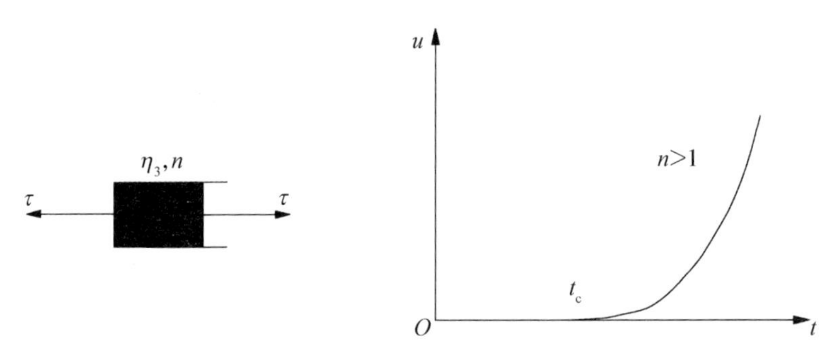

图4－35　非线性剪切流变元件及蠕变曲线图

本次绿片岩结构面剪切蠕变过程是一个弹性、黏性、塑性、黏弹性和黏塑性等多种变形共存的一个复杂过程，因而需要采用多种元件(线性和非线性元件)的复合来对其进行模拟。从上述的分析中可知，西原模型可以对本次结构面蠕变试验中的衰减蠕变和稳态蠕变阶段进行很好地描述，而非线性剪切流变元件可以对加速蠕变阶段进行很好的模拟，将这两者结合起来，也就是将非线性流变元件与西原模型串联起来，建立一个新的结构面非线性黏弹塑性剪切流变模型(图4－36)，可以对绿片岩软弱结构面剪切蠕变特性进行一个较为全面的描述。

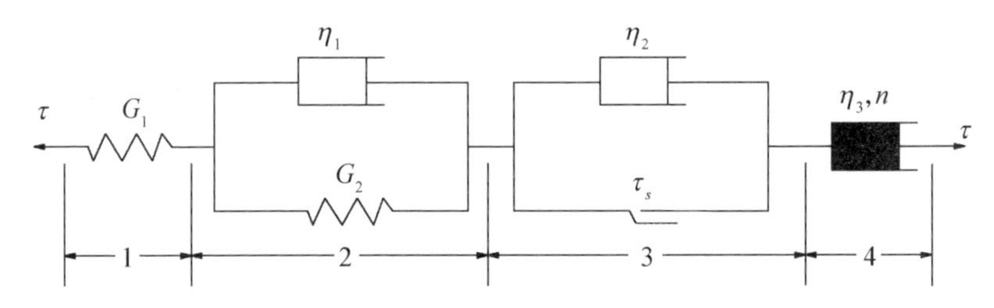

图4－36　结构面非线性黏弹塑性剪切流变模型

根据元件串并联的特点，结构面非线性黏弹塑流变模型由 4 部分组成，于是，可以得到一维应力状态下的本构(式(4－9)—式(4－14))，即：

$$\tau=\tau_1=\tau_2=\tau_3=\tau_4 \tag{4-9}$$

$$\gamma=\gamma_1+\gamma_2+\gamma_3+\gamma_4 \tag{4-10}$$

$$\gamma_1=\frac{\tau_1}{G_1} \tag{4-11}$$

$$\gamma_2=\frac{\tau_2}{G_2}\left[1-\exp\left(-\frac{G_2}{\eta_1}t\right)\right] \tag{4-12}$$

$$\gamma_3=\begin{cases}0,\ (\tau_3<\tau_s)\\ \dfrac{\tau_3-\tau_s}{\eta_2}t,\ (\tau_3\geqslant\tau_s)\end{cases} \tag{4-13}$$

$$\gamma_4=\begin{cases}0,\ (t<t_c)\\ \dfrac{\tau_4}{\eta_3}(t-t_c)^n,\ (t\geqslant t_c)\end{cases} \tag{4-14}$$

式中，G_1，G_2 为剪切模量；η_1，η_2，η_3 为黏滞系数；n 定义为流变指数，反映结构面加速蠕变的快慢程度；t_c 为从稳态剪切蠕变向加速剪切蠕变过渡的起始时刻。

根据以上关系式可以得到非线性粘弹塑性的蠕变木构方程如下：

(1) 当施加剪切力的瞬间，只有瞬时变形(式(4－15))，此时：

$$\gamma=\frac{\tau}{G_1} \tag{4-15}$$

(2) 施加剪切力后，当 $\tau<\tau_s$ 时，结构面未进入屈服状态。在恒定的剪应力作用下蠕变曲线只呈现衰减蠕变特征，模型退化为广义 Kelvin 模型，可描述结构面的黏弹性特征(式(4－16))，此时：

$$\gamma=\frac{\tau}{G_1}+\frac{\tau}{G_2}\left[1-\exp\left(-\frac{G_2}{\eta_1}t\right)\right] \tag{4-16}$$

(3) 当 $\tau\geqslant\tau_s$，$t<t_c$ 时，绿片岩软弱结构面进入屈服状态，第 3 部分的黏性元件参与变形，模型可分别描述衰减蠕变和稳态蠕变阶段，模型类似 Burgers 模型，可以描述结构面的黏弹塑性特征(式(4－17))，此时：

$$\gamma=\frac{\tau}{G_1}+\frac{\tau}{G_2}\left[1-\exp\left(-\frac{G_2}{\eta_1}t\right)\right]+\frac{\tau-\tau_s}{\eta_2}t \tag{4-17}$$

(4) 当 $\tau\geqslant\tau_s$, $t\geqslant t_c$ 时，绿片岩软弱结构面进入加速蠕变阶段，第 4 部分的非线性剪切流变元件参与变形，模型可分别描述衰减蠕变、稳态蠕变和加速蠕变阶段，可以描述结构面的非线性粘弹塑性特征(式(4-18))，此时：

$$\gamma=\frac{\tau}{G_1}+\frac{\tau}{G_2}\left[1-\exp\left(-\frac{G_2}{\eta_1}t\right)\right]+\frac{\tau-\tau_s}{\eta_2}t+\frac{\tau}{\eta_3}(t-t_c)^n \tag{4-18}$$

综上所述，式(4-16)可以描述图 4-29 中的曲线 1，而式(4-17)可以分别描述图 4-29 中的曲线 2、曲线 3(当 $t<t_c$ 时)，式(4-18)可以分别描述图 4-29 中的曲线 3(当 $t\geqslant t_c$ 时)。将式(4-15)—式(4-18)合并成一个式子：

$$\gamma=\frac{\tau}{G_1}+\frac{\tau}{G_2}\left[1-\exp\left(-\frac{G_2}{\eta_1}t\right)\right]+\frac{(\tau-\tau_s)}{\eta_2}t+\frac{\tau}{\eta_3}[H(t-t_c)]^n \tag{4-19}$$

式(4-19)即为结构面非线性剪切流变模型，不仅可以描述结构面的黏弹塑性特征，而且可以很好地反映结构面的非线性加速蠕变变形。其中：

$$(\tau-\tau_s)=\begin{cases}0, & (\tau<\tau_s)\\ \tau-\tau_s, & (\tau\geqslant\tau_s)\end{cases} \tag{4-20}$$

$$H(t-t_c)=\begin{cases}0, & (t<t_c)\\ t-t_c, & (t\geqslant t_c)\end{cases} \tag{4-21}$$

4.4.3 模型参数识别与验证

根据本次绿片岩软弱结构面长期强度特性可以认为绿片岩软弱结构面长期抗剪强度值为快剪强度的 60%，再结合结构面蠕变试验曲线形态可以确定结构面进入粘塑性变形的应力值 τ_s。观察结构面加速阶段蠕变曲线，再结合蠕变速率变化曲线，可以得到本次试验结构面从稳态剪切蠕变向加速剪切蠕变过渡的起始时刻，具体参数值如表 4-5 所示。

根据表 4-5 中的试验参数，利用本文中的非线性黏弹塑性剪切流变模型对试验结果进行拟合，得到的模型的流变拟合参数如表 4-6 所示，利用这些参数得到绿片岩结构面拟合曲线如图 4-37 所示。

表 4－5　绿片岩软弱结构面长期强度特性参数表

试件编号	法向应力 σ/MPa	快剪强度 τ/MPa	粘塑性变形起始应力 τ_s/MPa	加速蠕变起始时刻 t_c/h
CP1	5.0	128	7.0	18.00
CP2	7.5	15.9	8.1	0.09
CP3	10.0	19.1	10.2	0.05
CP4	12.5	22.3	11.0	0.20
CP5	15.0	25.5	12.5	3.20

表 4－6　非线性蠕变模型参数拟合表

试件编号	剪应力/MPa	G_1/GPa	η_1/GPa	G_2/GPa	η_2/GPa	η_3/GPa	n 值	相关系数 R
CP1	4.5	68.51	1 823.25	168.25	—	—	—	0.912
	5.4	64.31	3 045.71	64 043.7	—	—	—	0.921
	6.3	66.77	5 001.78	2 092.14	164 574.5	—	—	0.966
	7.2	68.72	3 103.54	42 904.1	286 662.7	—	—	0.978
	8.1	70.95	5 241.15	46 717.3	700 840.3	—	—	0.936
	9.0	71.16	2 289.36	50 107.1	93 877.1	—	—	0.989
	10.2	61.14	3 736.46	91 554.6	385 819.9	—	—	0.963
	11.5	63.83	−41 887	402 147	889.22	−1 516.8	1	0.908
CP2	7.0	5.04	728.82	16 449.3	—	—	—	0.997
	8.3	5.75	21 737.9	38 115.4	122 921.1	—	—	0.973
	9.6	6.48	5 371.66	27.668	273.427 8	2.0E−11	16	0.947
CP3	7.0	19.71	1 325.78	1 997.98	26 746.61	—	—	0.989
	9.5	19.335	1 028.91	738.41	86 298.61	—	—	0.988
	11.5	22.996	1 166.38	6.787	12.218	8.7E−27	25	0.998
CP4	10.3	28.48	2 197.78	109 195	—	—	—	0.989
	11.5	30.92	7 159.73	24 119.1	42 899.9	—	—	0.994
	12.7	33.11	3 563.27	6 073.22	88 685.1	—	—	0.937
	13.9	35.02	2 916.2	36 929.7	1 076 421	—	—	0.998
	15.0	36.68	4 375.65	24 414.7	146 045.7	—	—	0.981
	16.2	36.78	2 875.41	1 593.89	211 589.6	—	—	0.977
	17.4	34.43	315.88	12.12	68.057	1.7E−28	55	0.997

续　表

试件编号	剪应力/MPa	G_1/GPa	η_1/GPa	G_2/GPa	η_2/GPa	η_3/GPa	n值	相关系数R
CP5	9.5	60.69	2 886.27	20 298.1	—	—	—	0.933
	11.3	64.44	3 403.82	5 623.66	27 842.44	—	—	0.994
	13.2	66.00	2 119.20	1 509.04	109 859.2	—	—	0.983
	15.1	67.30	2 187.18	7 738.28	1 065 760	—	—	0.995
	17.0	68.49	−1.2E+6	1 012 718	217 646.1	1 143.13	0.2	0.989

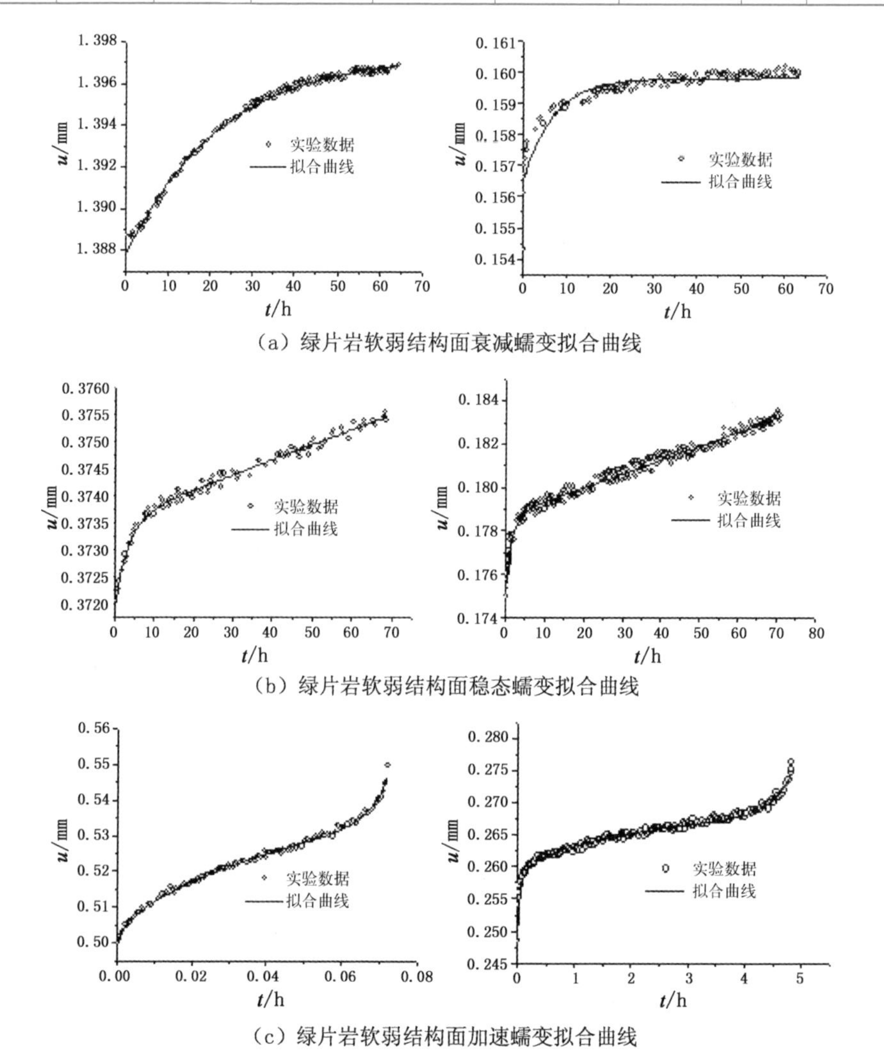

(a) 绿片岩软弱结构面衰减蠕变拟合曲线

(b) 绿片岩软弱结构面稳态蠕变拟合曲线

(c) 绿片岩软弱结构面加速蠕变拟合曲线

图 4-37　结构面非线性剪切流变模型拟合曲线

从试验结果拟合曲线可以发现拟合效果较好，相关系数较高，说明本章在试验机理认识基础上所建立的流变模型在描述蠕变变形的三个阶段即初始蠕变、稳态蠕变以及加速蠕变等方面是合适的，并能够在一定程度上表明该模型在描述结构面剪切蠕变性能方面的合理性和适用性。需要说明的是，上述的分析是在室内试验的角度验证了所建模型的合理性，而由此所获得的试验参数或许并不能直接用于工程岩体中，但可以作为参考，用于模型参数反演时现场岩体结构面参数范围的确定。

4.5　本章小结

为了研究绿片岩软弱结构面的蠕变特性，本章对含绿片岩软弱结构面的大理岩试件进行了剪切蠕变室内试验，研究了不同应力条件下结构面的剪切蠕变特性，分析了结构面流变过程中的蠕变速率特性，建立非线性剪切流变本构模型，并对结构面的长期强度特性进行了研究。主要研究成果如下：

(1) 含绿片岩软弱结构面的大理岩剪切曲线表现出明显的脆性破坏特征，试件在剪切破坏的瞬间，位移迅速增大，应力在到达峰值后急剧减小，试验过程曲线主要表现为三个阶段，剪切破坏强度呈现出较为明显的离散性，剪切破坏强度主要与软弱结构面的发育程度以及剪切破坏模式有关。

(2) 软弱结构面剪切蠕变的破坏特征与结构面的发育程度有密切关系，试验中试件的类型主要可以分为两种：结构面比较发育和结构面一般发育。结构面的破裂面上存在明显的强烈摩擦滑移作用留下的绿片岩粉末，表明在蠕变的过程中，岩体内部的剪切裂缝不断累积发展并最终导致时效性破坏的出现。

(3) 绿片岩软弱结构面的蠕变并不是一个线形函数，在衰减蠕变和加速蠕变阶段均表现出明显的非线性特征，即使稳态蠕变阶段，曲线形态也比较复杂，可以认为结构面非线性剪切蠕变变形是时间的函数，提出一个非线性流变元件与西原模型串联起来，建立一个新的结构面非线性黏弹塑性剪切流变模型，可以对绿片岩软弱结构面剪切蠕变特性进行一个较为全面的描述。

(4) 绿片岩软弱结构面剪切蠕变试验，试件在加载过程中，随着剪切应力水平的增大，经历了三个蠕变阶段衰减蠕变阶段、等速蠕变阶段和加速蠕变阶段。根据试验资料和蠕变理论，利用两种方法确定绿片岩软弱结构面的长期强度，得到绿片岩软弱结构面长期抗剪强度值为快剪强度的60％左右。

第5章 规则齿形结构面力学特性的数值模拟

结构面在岩体工程中广泛存在，结构面的存在大大改变了岩体的力学性质，它破坏了岩体的连续性和完整性，使其表现出强烈的非均匀性和各向异性，不利于工程岩体的稳定，研究结构面的瞬时和长期力学特性具有十分重要的意义。国内外许多学者采用室内试验或者理论分析对结构面特性进行研究，但是由于岩体结构面的复杂性，且结构面试验研究成本较高，试验结果可重复性差，特别是蠕变试验还存在历时长、对试验设备和环境要求高等问题，试验成果往往数量十分有限。近二十多年来，随着计算机技术的发展和软、硬件水平的提高，为岩体力学研究提供了新的方法和手段，许多学者利用数值计算技术来模拟岩体的力学行为以及开展大尺度的岩体力学试验，取得了较为丰富的研究成果。计算机模拟试验可使我们全面了解岩体中位移、应力的分布情况以及变形破坏过程，再现材料的各种内在信息、大量且包含了足够信息的仿真试验结果，可为工程岩体参数取值与论证提供重要依据[139]。目前学者采用计算机数值计算方法研究结构面剪切特性还比较少，结构面蠕变特性的数值模拟试验成果报道也不多见。本文第2章和第3章采用室内试验和理论分析对规则齿形结构面的力学特性进行了研究，本章利用数值方法中的基于拉格朗日差分法FLAC3D软件建立不同结构面角度的三维规则齿形结构面模型，进行不同应力水平条件下的结构面常规剪切试验和剪切蠕变试验，分析不同结构面角度和应力水平对结构面强度和变形特性的影响，拟为工程实践和理论研究提供参考。

5.1　规则齿形结构面剪切试验数值模拟计算

5.1.1　计算模型及试验方案

由于天然岩体结构面取样困难及表面粗糙度难以界定等，目前对岩体结构面的室内试验研究所采用的试样基本上都是人工结构面，多采用混凝土或水泥砂浆浇注而成。为了研究岩体中结构面的存在对岩体力学特性的影响，本章选用 FLAC3D 软件，分别建立了 5 种角度的规则齿形结构面试样模型进行结构面剪切数值模拟试验。试样尺寸为 100 mm×100 mm×100 mm，结构面的起伏角分别为 0°、10°、20°、30°、45°，采用 INTERFACE 接触面对结构面进行模拟，接触关系通过接触面节点和实体单元外表面（目标面）建立，接触力的法向方向也由目标面的法向方向决定。试样材料及接触面的破坏模型符合 Mohr - Coulomb 拉剪强度准则，当剪应力或者拉应力达到相应强度时，会在接触的目标面上形成有效法向应力增量。规则齿形结构面的计算模型如图 5 - 1 所示。

参照第 2 章规则齿形结构面剪切室内试验的结果，剪切数值试验模型材料的计算参数如下：对于岩体材料，重度为 22 kN/m^3，弹性模量为 5.7 GPa，泊松比为 0.29，黏结力为 3.5 MPa，内摩擦角为 45°，膨胀角为 10°，抗拉强度为

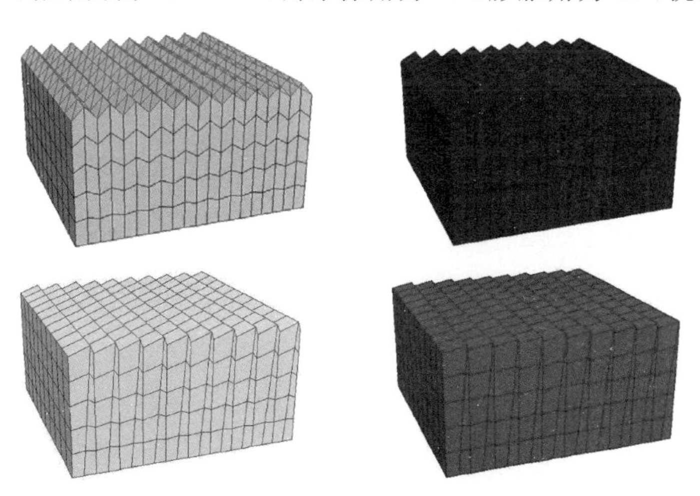

图 5 - 1　不同角度结构面模型图

0.3 MPa;对于结构面,法向刚度为 20 GPa/m,切向刚度为 20 GPa/m,内摩擦角为 35°。本次数值试验模型边界条件为结构面下盘底面约束法向位移,下盘一面约束水平向位移,结构面上盘根据剪切位移速率运动,试样顶部施加法向应力,每种角度结构面分别在法向应力为 0.5 MPa、1.0 MPa、1.5 MPa、2.0 MPa 下进行剪切试验。试验加载方式为位移加载:先加法向应力达到预定值保持不变,然后以 1.0×10^{-8} mm/步的加载速率施加位移,直至试样发生破坏(水平位移超过 1 mm),获得不同角度结构面剪切试验曲线和试验数据;剪切试验进行了 4 种法向应力条件下,5 种结构面角度共 20 组试验。结构面试样的受力示意图如图 5-2 所示。

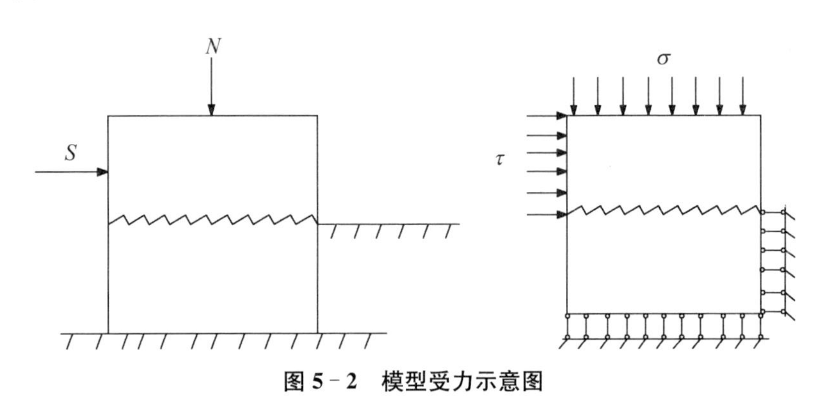

图 5-2 模型受力示意图

5.1.2 计算结果及云图分析

通过结构面剪切数值模拟试验,可以得到不同角度结构面的水平位移、竖直位移以及剪应力的分布特征,从而更好地了解结构面的剪切位移特性。本次试验结构面水平位移分布云图见图 5-3,由于篇幅的限制,云图选取法向应力为 σ=1.5 MPa 时的试验结果进行说明。

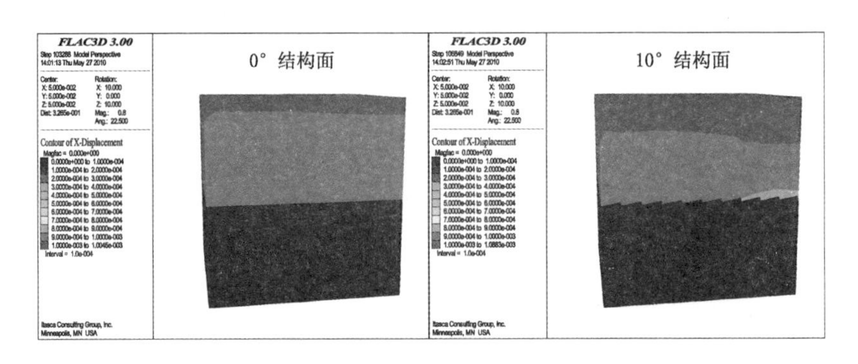

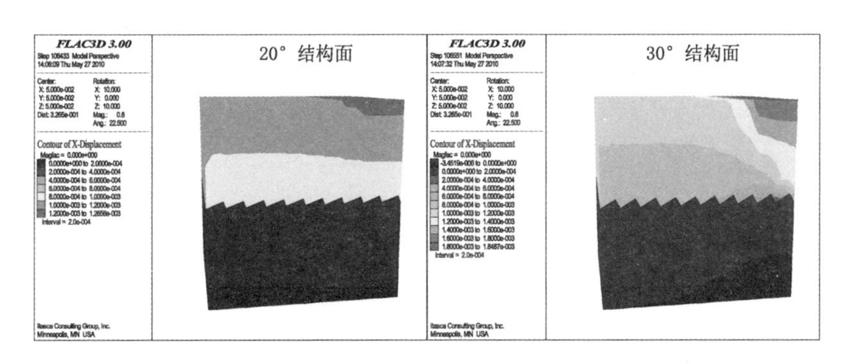

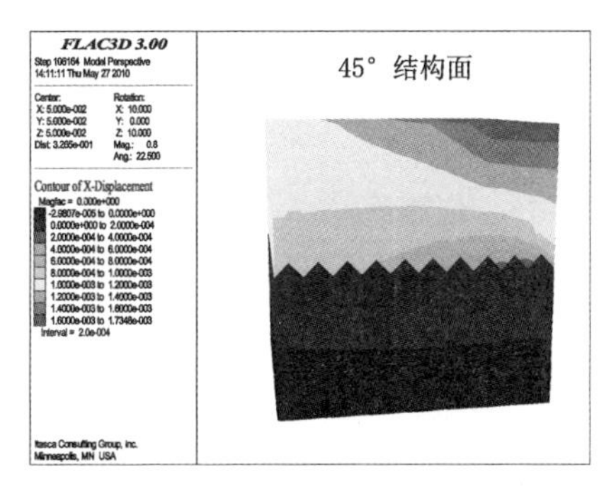

图 5－3　1.5 MPa 法向应力条件下不同角度结构面水平位移分布云图

从水平位移分布云图可以看出，结构面角度较小的 0°、10°、20°试样水平位移较大，室内试验中观察到的结构面破坏模式在数值模拟中也能体现出来：0°、10°结构面试样的破坏基本上以滑移破坏为主，上下块体之间的位移基本相同，且位移较大；20°试样在法向应力较小时以滑移破坏为主，而在法向应力较大时则为剪断破坏；30°、45°结构面试样的破坏以剪断破坏为主，齿尖的应力集中现象明显，块体在齿尖镶嵌的地方存在明显的切齿现象，水平位移较小。图 5－4 是不同角度结构面剪切试验水平位移的放大图，从图中可以更加清晰地看到不同角度结构面破坏模式的差别：0°、10°结构面试样以滑移破坏为主，20°结构面试样同时存在滑移和剪断破坏，30°、45°结构面试样以剪断破坏为主，同时存在明显的爬坡效应。

图 5－5 是结构面试样的剪应力分布云图(取上半部分特征更明显)，从剪应力分布云图可以看出，不同角度的结构面在剪切过程中齿尖都存在应力集中，角度越大，齿尖应力集中越明显，剪应力值也越大，如当法向应力为 1.5 MPa 时，10°结构面齿尖剪应力值最大为 3.5 MPa，30°结构面齿尖剪应力值最大为 6 MPa，而 45°结构面齿尖剪应力最大值则达到了 9 MPa。此外，从本次数值试

图 5-4　1.5 MPa 法向应力条件下不同角度结构面破坏模式图

验中还可以看到，在剪切试验过程中，试样的齿状突起物所发挥的作用并不相同，在剪切试验初期，只有上半块试件加载面上少数突起物有应力集中现象，到了剪应力峰值时，起到抗剪作用的突起物达到最多，而试样发生破坏时，试样只在临空面上少数几个齿尖有应力集中。也就是说，结构面试样随着剪切位移的

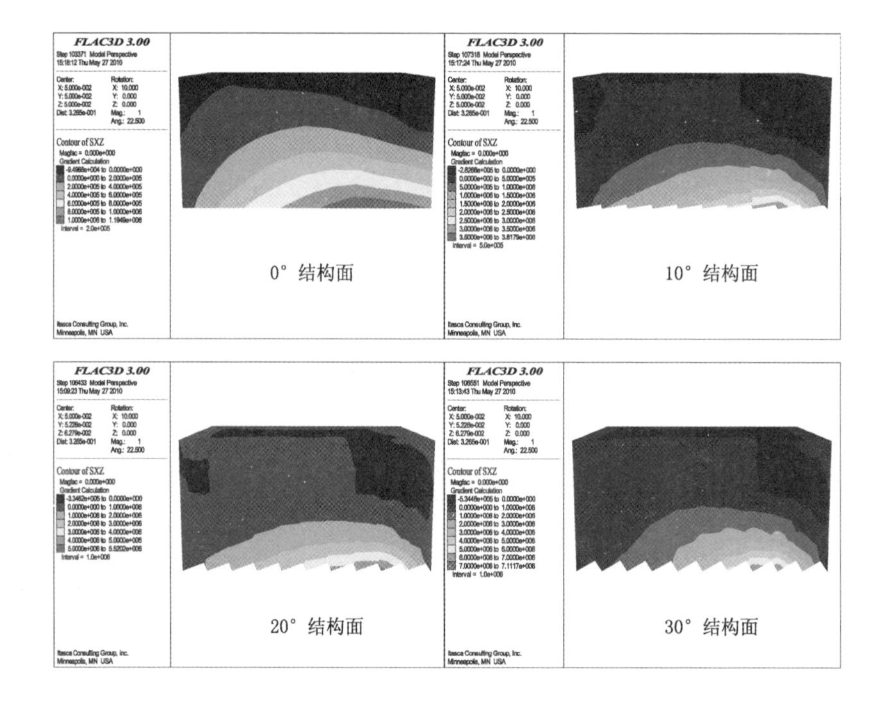

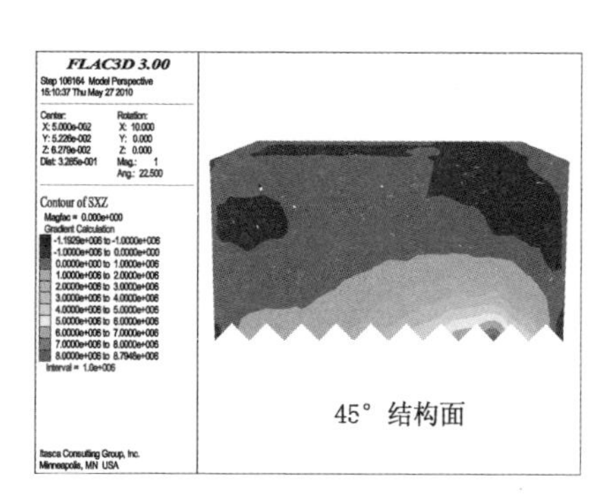

图 5-5　1.5 MPa 法向应力条件下不同角度结构面剪应力分布云图

增大，齿状突起物发挥抵抗剪切作用的数量在增加，剪应力逐渐增大，当齿状突起物被逐个剪坏时，发挥抵抗作用的齿状突起物逐渐减少，剪切位移持续增大，剪应力减小，试样发生破坏，各种类型的结构面试件在不同的法向应力条件下也都表现出类似特征。

5.1.3　规则齿形结构面剪切变形特性

本次数值模拟剪切试验试样的水平位移及剪切应力的采样记录都是根据模型上半块试件加载面上所有节点求得平均值得到的，法向变形也是根据法向应力加载面上的所有节点的法向变形求得平均值得到的，5 种类型结构面在不同法向应力下的剪切应力-位移曲线如图 5-6、图 5-7 所示。由图可知：在剪切过程中，结构面的剪切曲线可以分为三个阶段，线形增长阶段、峰值阶段和峰后滑移阶段。在加载初期，曲线基本呈线性增长，表现为弹性，剪切刚度可视为常量；随着剪切力的增加，曲线呈现非线性变化，即位移随着力的增加明显增大，曲线斜率开始变小；当剪切力达到某一值时，切向位移迅速增大，试件发生大幅度的滑移，这时曲线斜率趋近于零，剪切刚度也随之降为零，说明试件的抗剪能力丧失，即试件已沿结构面破坏。与室内试验不同的是，本次数值模拟试验的剪切位移曲线均没有出现剪断特征或应力降，峰值后的曲线均为表现为沿结构面的滑移破坏，但不同角度结构面的剪切位移曲线非线性变化阶段有所不同。

图 5-6 和图 5-7 分别是相同角度结构面试件在不同法向应力作用下的剪切位移曲线和相同法向应力作用下不同角度结构面试件的剪切位移曲线。从图 5-6 中可以清晰地看到，同一角度的结构面试样在剪切过程中，法向应力的越大，剪切位移曲线的非线性变化阶段越长，也就是说法向应力越大，试样需要更大的水平位移才能达到破坏，同时峰值强度也随着法向应力的增大而增大，分析

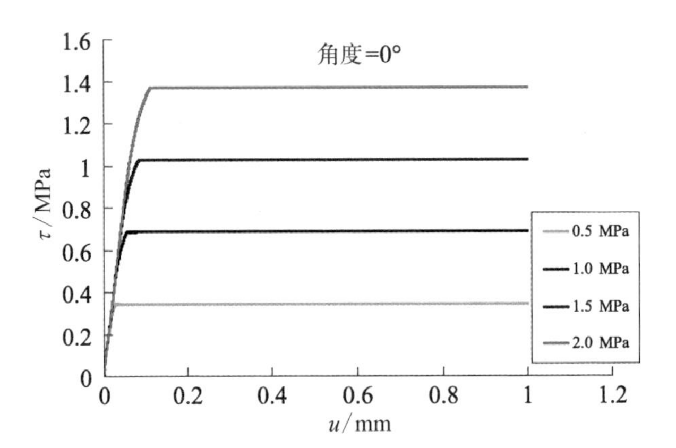
角度=0°
τ/MPa
u/mm
0.5 MPa
1.0 MPa
1.5 MPa
2.0 MPa

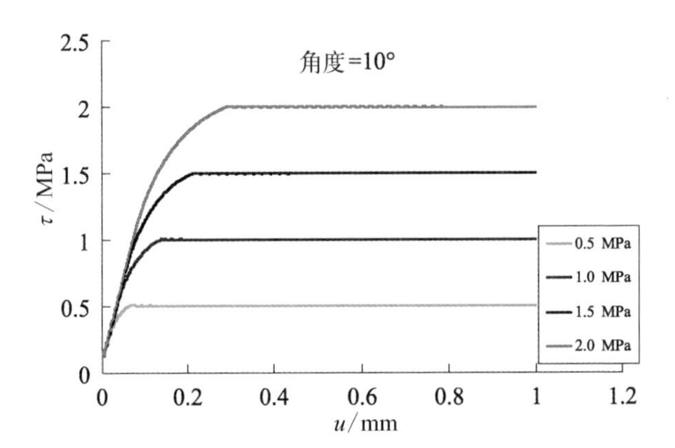
角度=10°
τ/MPa
u/mm
0.5 MPa
1.0 MPa
1.5 MPa
2.0 MPa

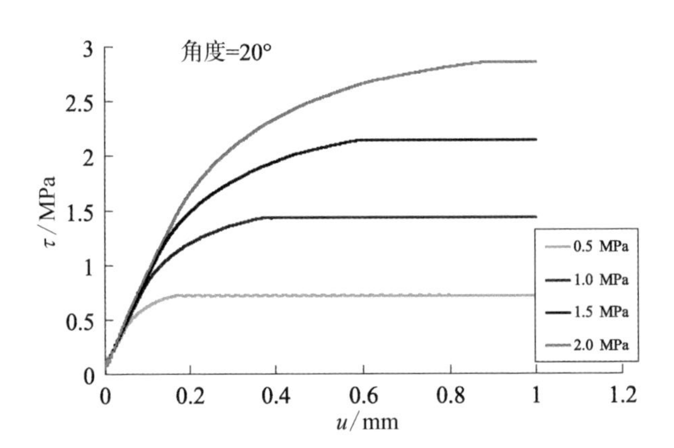
角度=20°
τ/MPa
u/mm
0.5 MPa
1.0 MPa
1.5 MPa
2.0 MPa

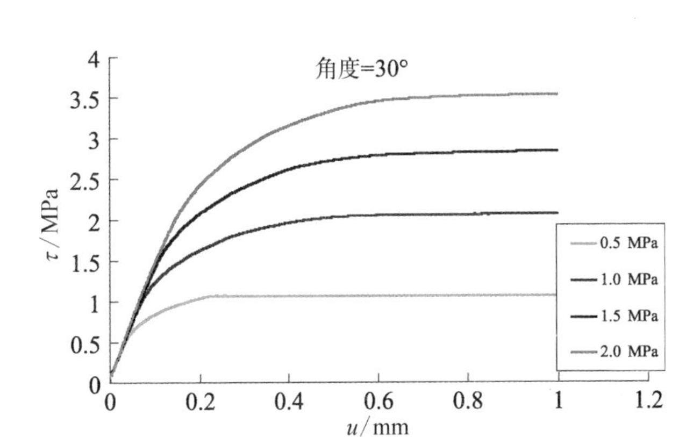

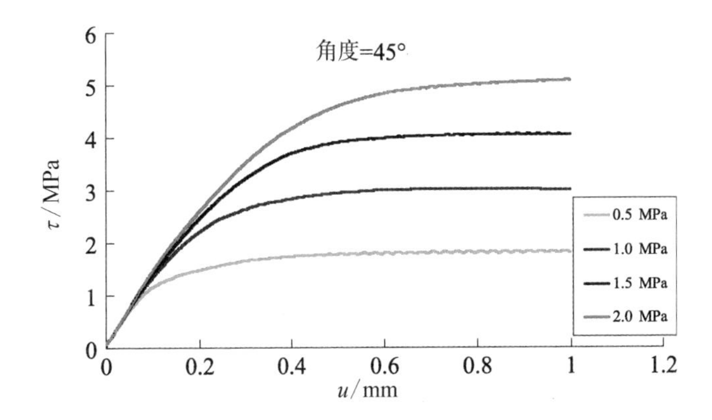

图 5-6　相同角度结构面在不同法向应力条件下剪切位移曲线图

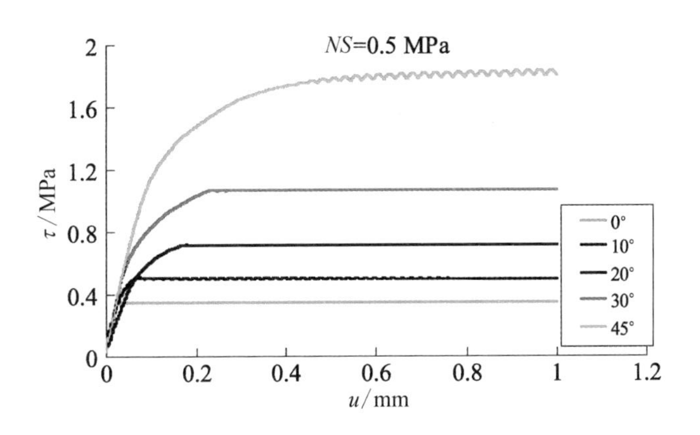

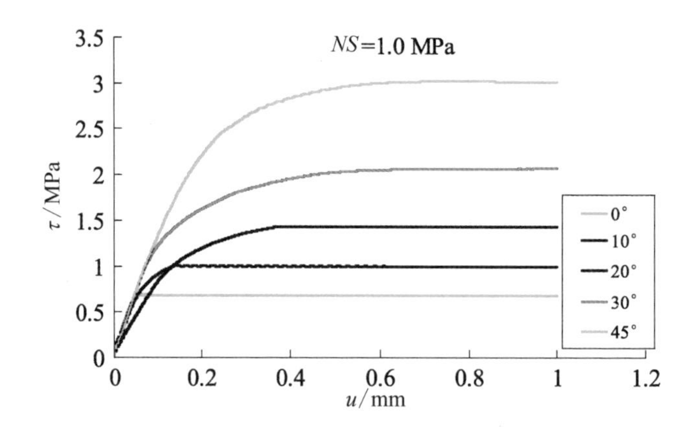

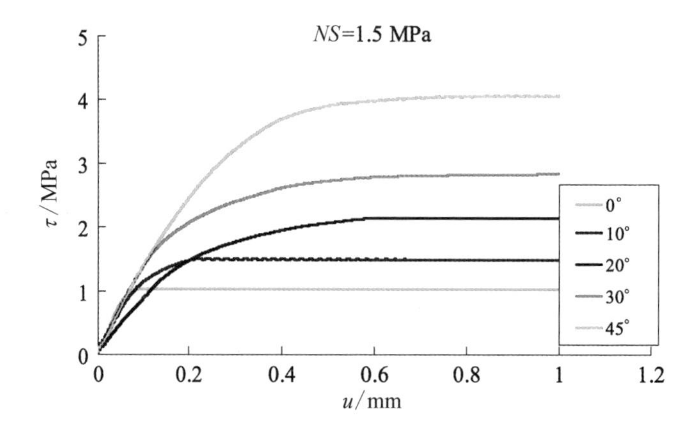

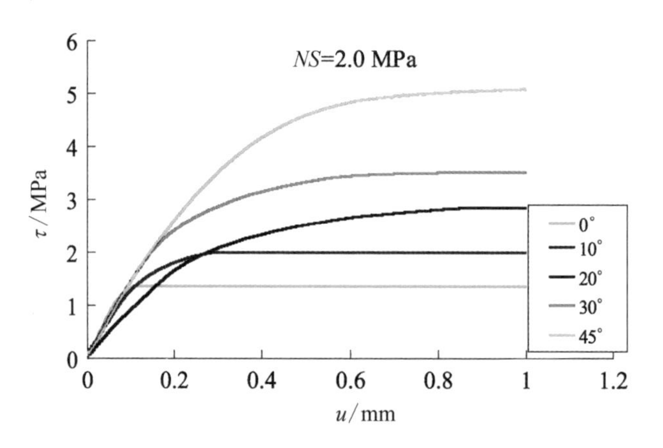

图 5-7　不同角度结构面在相同法向应力条件下剪切位移曲线图

其中机理，主要是因为法向应力的增大导致结构面的齿状突起镶嵌作用更强，切齿效应更明显，同时法向应力的增大也使得试块间摩擦力更大。图 5-7 反映了同一法向应力条件下，不同角度结构面试样剪切位移曲线的特征，从图中可以看出，在同一法向应力条件下，结构面的角度越大，剪切位移曲线的非线性变化阶段越长，同时峰值强度也越高，主要是因为结构面角度越大，试样剪切过程中的切齿效应越明显，爬坡过程中的抵抗作用也越强。曲线非线性变化阶段反映了试样在达到峰值强度之前，随着爬坡效应的增加，齿尖接触面积逐渐减小，使得试块间的抗剪切作用减弱，试样最终达到破坏。此外，与室内试验结果类似，20°结构面的剪切位移曲线，仍然表现出与其他角度结构面不同的规律特征，例如剪切刚度偏小，法向压缩位移量偏大等，笔者尚不能准确解释其中原因，其中机理还需要进一步研究。

图 5-8 是相同角度的结构面在不同法向应力作用下，法向位移和水平位移之间的扩容关系曲线，从图中可以看出，法向应力的大小对结构面扩容有明显影响，法向应力越大，结构面的扩容现象越不明显，法向变形越小。可以看出，不同类型的结构面试样，法向位移和水平位移之间在扩容阶段均呈现出近似线性关

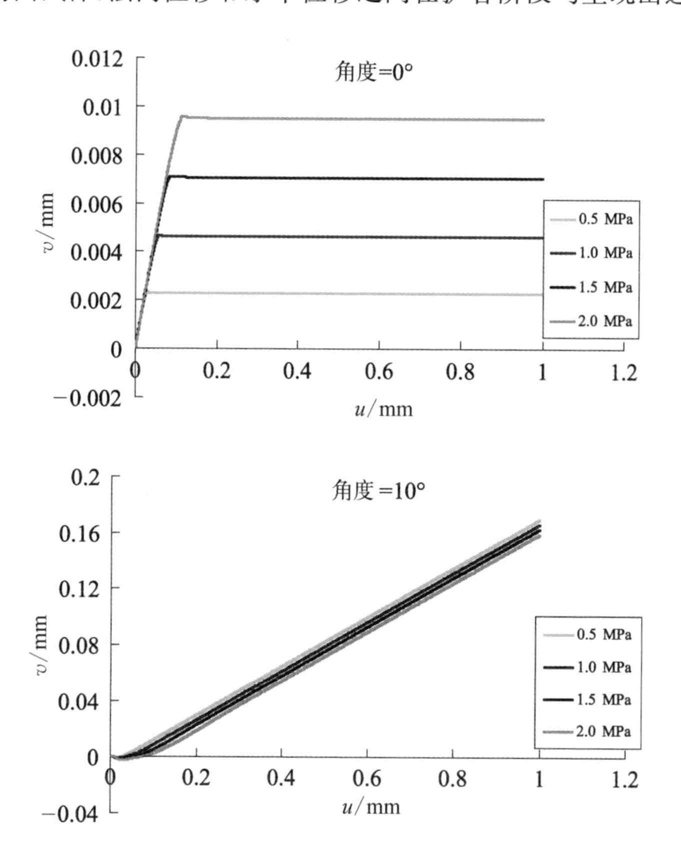

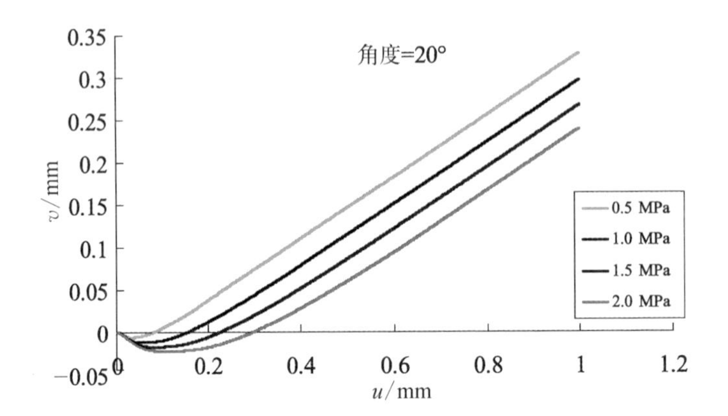

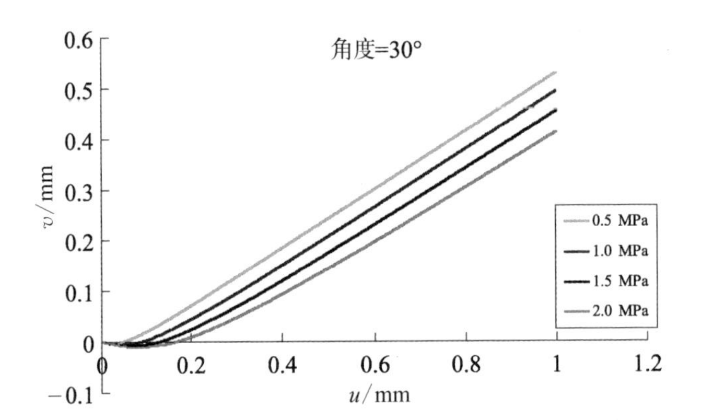

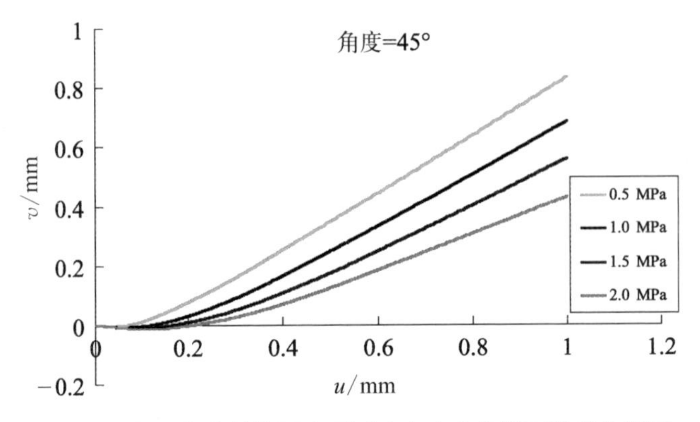

图 5-8　相同角度结构面在不同法向应力条件下扩容曲线图

系(0°结构面除外),同一角度的结构面试样在不同法向应力作用下虽然扩容量大小有所不同,但扩容曲线的斜率均相同,充分说明了结构面试样的扩容主要是由于试块沿结构面的爬坡滑移造成的。

图 5-9 是不同角度的结构面在同一法向应力作用下,法向位移和水平位移之间的扩容关系曲线,可以看出,不同角度的结构面试样,剪切扩容曲线斜率与结构面角度之间基本呈线性关系(图 5-10),只有 45°结构面试样的扩容曲线斜率随着法向应力的增大而有所减小,对于其他角度的结构面试样,结构面角度越大,曲线的斜率越大,扩容量也越大(图 5-11),充分反映了试块在剪切过程中沿结构面的爬坡效应。结构面在剪切试验过程中,角度越大的试样,法向应力对于扩容效应的影响越明显,例如 45°结构面试样,法向应力对于结构面扩容曲线的斜率以及扩容量的影响都十分显著,但这种影响对于结构面角度较小的试样(10°、20°)比较有限,笔者认为主要还是因为不同角度的试样,破坏模式的差异较大。

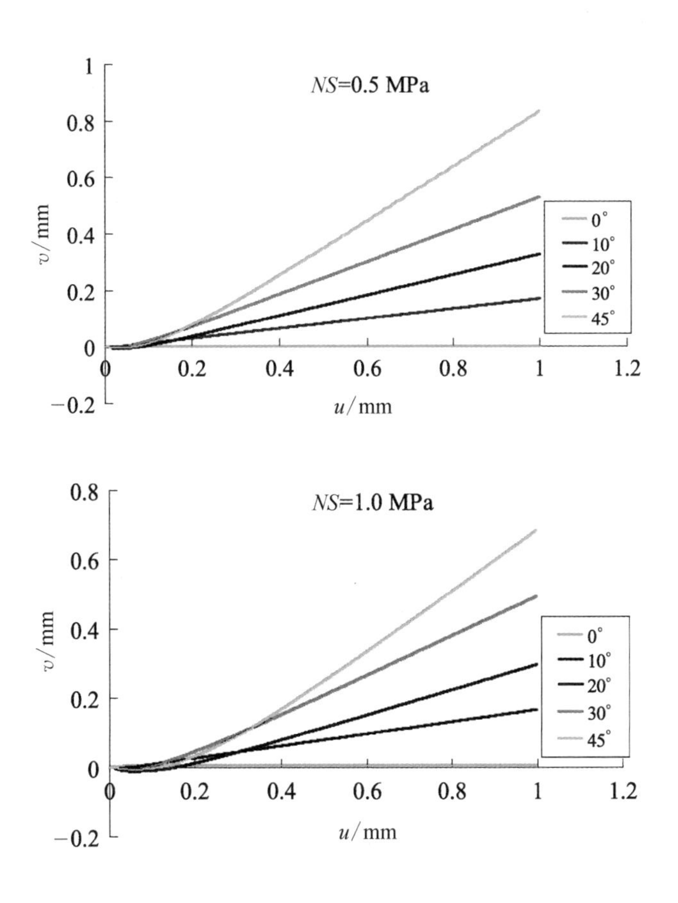

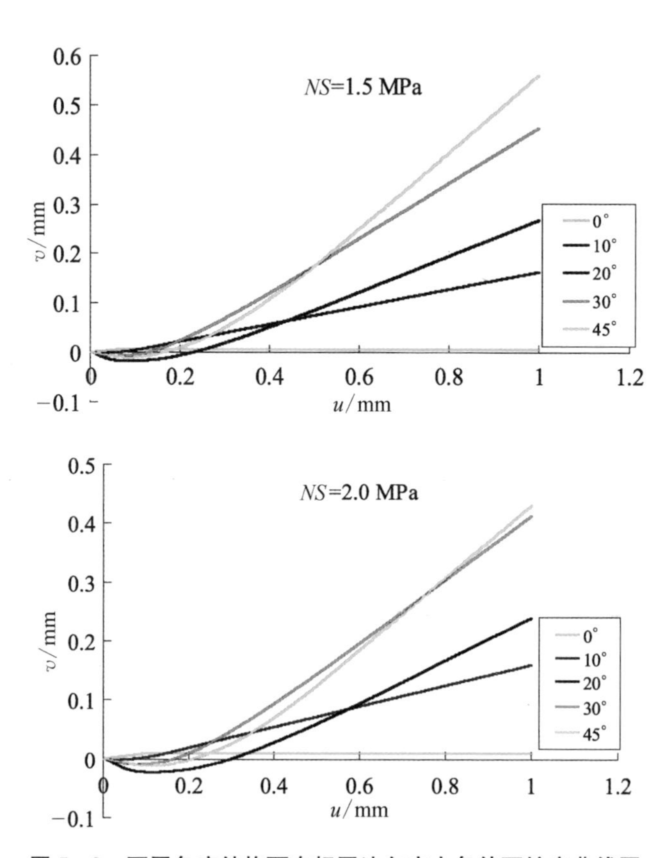

图 5-9 不同角度结构面在相同法向应力条件下扩容曲线图

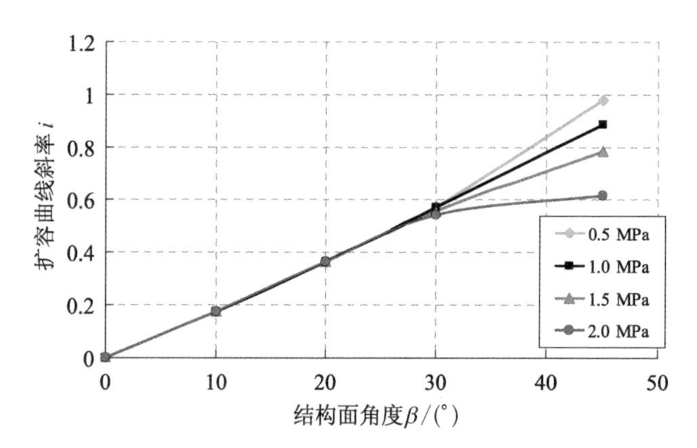

图 5-10 不同法向应力条件下结构面扩容曲线斜率 i 与结构面角度 β 关系曲线图

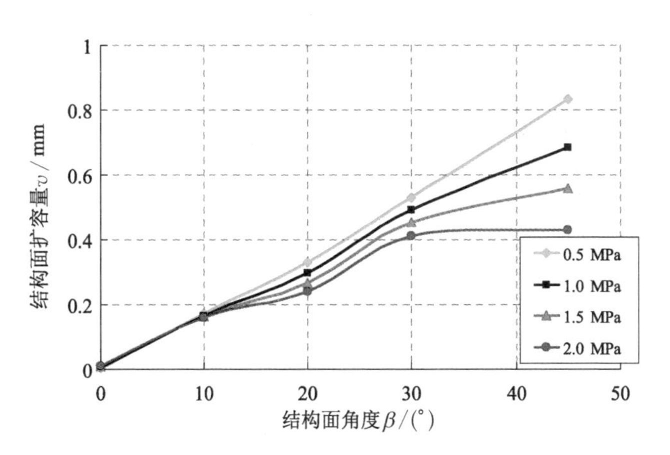

图 5－11　不同法向应力条件下结构面扩容量 v 与结构面角度 β 关系曲线图

5.1.4　规则齿形结构面剪切强度特性

本次结构面数值剪切试验结果中，不同类型结构面法向应力与剪切强度之间的关系曲线如图 5－12 所示，不同法向应力条件下结构面角度与峰值剪切强度的关系曲线如图 5－13 所示。从图中可以看出，同一角度结构面试样的法向应力与剪切应力之间基本符合线性关系，但结构面角度与剪切强度之间，随着结构面起伏角度的增大，剪切强度有非线性增长的趋势(图 5－13)，从图 5－13 中可以看出试样的峰值剪切强度随结构面角度的增大在增加，且增加幅度也随结构面角度的增大而增大，例如当法向应力为 1.5 MPa 时，20°结构面剪切强度为 2.1 MPa，30°结构面剪切强度为 2.8 MPa，45°结构面剪切强度为 4.1 MPa，30°结

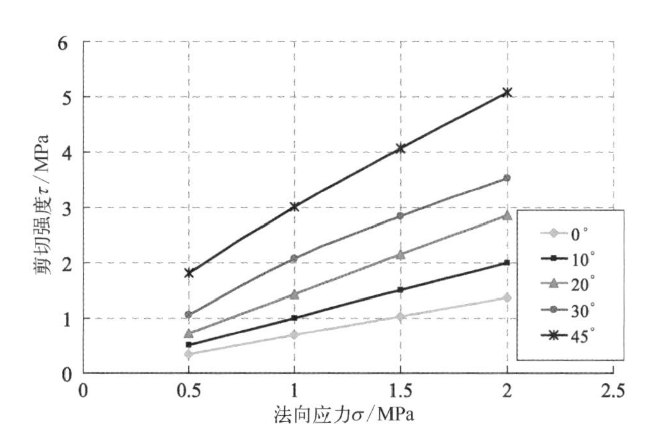

图 5－12　不同角度结构面法向应力与剪切强度之间的关系曲线

构面剪切强度比 20°增加了 33%，而 45°结构面试样比 30°结构面试样增加了 46%；当法向应力为 2 MPa 时，20°结构面剪切强度为 2.8 MPa，30°结构面剪切强度为 3.5 MPa，45°结构面剪切强度为 5.0 MPa，30°结构面剪切强度比 20°增加了 25%，而 45°结构面试样比 30°结构面试样增加了 43%。从中可以看出结构面起伏角度对结构面剪切强度的影响十分显著，笔者认为主要是因为随着结构面角度的增大，试样的破坏模式也发生了变化，由沿结构面的滑移破坏转变为结构面滑移和齿状突起物压剪碎裂的复合破坏，剪切强度增长明显。

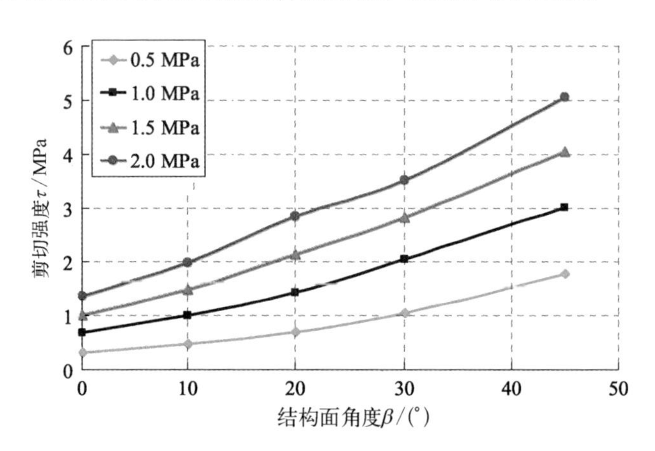

图 5-13　不同法向应力条件下结构面角度与峰值剪切强度的关系曲线

5.2　规则齿形结构面剪切蠕变试验数值模拟计算

5.2.1　计算模型及试验方案

岩体结构面的蠕变特性一直是岩石力学的重要研究课题，它主要由完整岩石的蠕变和结构面的蠕变组成，目前，对于完整岩石及岩体结构面的室内蠕变试验和理论研究进行较多，但蠕变试验历时长、对试验设备和环境要求高，试验成果往往数量十分有限，因此在进行岩体室内蠕变试验的同时，进行岩体蠕变特性的数值模拟试验也就成了一个新的研究途径，目前关于岩体结构面蠕变试验的数值模拟成果还比较少见。本章在规则齿形结构面的常规剪切试验的基础之上，进行了结构面剪切蠕变试验的数值模拟，对结构面的蠕变特性进行研究。

结构面剪切蠕变试验依然选用 FLAC3D 软件进行数值模拟，分别选取了 4

种角度的规则齿形结构面试样模型，试样尺寸为 100 mm×100 mm×100 mm，结构面的起伏角分别为 10°、20°、30°、45°，采用 INTERFACE 接触面对结构面进行模拟，蠕变试验的计算模型与剪切试验相同，如图 5－1 所示。结构面蠕变数值试验的本构模型选取十分重要，从以往的研究中可以发现，Burgers 模型可以较好地描述结构面的蠕变特性，且参数的选取人为因素较少，因此，本次剪切蠕变试验的数值模拟选用 FLAC3D 中的 Burgers 模型进行计算，模型如图 5－14 所示：

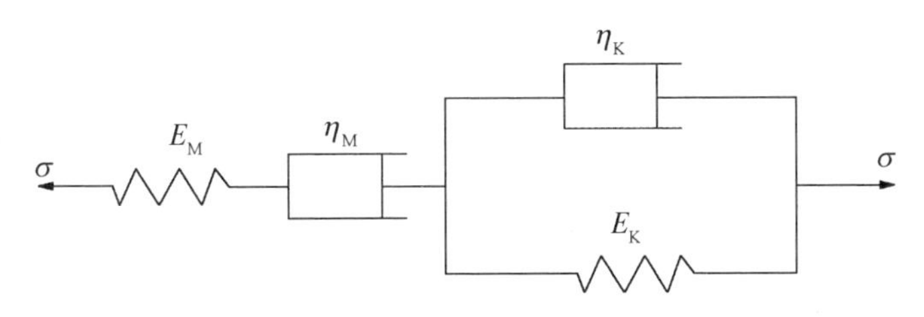

图 5－14　Burgers 模型元件图

图 5－14 中 E_M 和 E_K 分别是 Maxwell 和 Kelvin 粘弹性模量，η_M 和 η_K 分别是 Maxwell 和 Kelvin 粘滞系数。FLAC3D 中的 Burgers 模型主要包括 5 个计算参数，其中体积模量 Bulk 是由弹性模量 E 和泊松比 ν 换算而来，参照第 3 章室内试验 Burgers 模型的参数拟合结果，数值模拟试验中蠕变模型的计算参数如下：弹性模量 E=5.7 GPa，泊松比 ν=0.29，E_M=20 GPa，η_M=250 GPa·d，E_K=40 GPa，η_K=150 GPa·d，结构面的法向刚度为 20 GPa/m，切向刚度为 20 GPa/m，内摩擦角为 35°。

本次剪切蠕变数值试验采用分级加载的方法，每级剪切应力持续时间为 60 小时，模型边界条件为结构面下盘底面约束法向位移，下盘一面约束水平向位移，结构面上盘根据剪切应力的大小产生蠕变变形，试样顶部施加法向应力，每种角度结构面分别在法向应力为 0.5 MPa、1.0 MPa、1.5 MPa、2.0 MPa 下进行剪切蠕变试验，每种类型的试样先施加法向应力，在该法向应力条件下逐级施加剪切应力，剪切应力级别均从 0.5 MPa 开始，之后每级增加 0.5 MPa，直至试样发生破坏，获得不同角度结构面剪切蠕变曲线和试验数据。试样在最后一级荷载时，其荷载作用时间视试件的变形情况而定，通常以试件的水平蠕变变形呈现明显的加速蠕变特征或水平位移超过 1 mm 作为失稳和破坏的标准。本次剪切蠕变试验进行了 4 种法向应力条件下，5 种结构面角度共 16 组试验，具体试验方案的设计与各级应力水平的大小见表 5－1。

表 5-1　剪切蠕变试验分级加载应力水平

结构面角度	法向应力/MPa	剪切应力级别/MPa
10°	0.5	0.5，1.0
	1.0	0.5，1.0，1.5，2.0
	1.5	0.5，1.0，1.5，2.0，2.5，3.0
	2.0	0.5，1.0，1.5，2.0，2.5，3.0，3.5，4.0
20°	0.5	0.5，1.0，1.5
	1.0	0.5，1.0，1.5，2.0，2.5，3.0
	1.5	0.5，1.0，1.5，2.0，2.5，3.0，3.5，4.0
	2.0	0.5，1.0，1.5，2.0，2.5，3.0，3.5，4.0，4.5，5.0
30°	0.5	0.5，1.0，1.5，2.0
	1.0	0.5，1.0，1.5，2.0，2.5，3.0
	1.5	0.5，1.0，1.5，2.0，2.5，3.0，3.5，4.0，4.5
	2.0	0.5，1.0，1.5，2.0，2.5，3.0，3.5，4.0，4.5，5.0，5.5
45°	0.5	0.5，1.0，1.5，2.0
	1.0	0.5，1.0，1.5，2.0，2.5，3.0，3.5
	1.5	0.5，1.0，1.5，2.0，2.5，3.0，3.5，4.0，4.5，5.0
	2.0	0.5，1.0，1.5，2.0，2.5，3.0，3.5，4.0，4.5，5.0，5.5，6.0，6.5

5.2.2　计算结果及云图分析

通过结构面剪切蠕变数值模拟试验，可以得到不同类型结构面的水平位移、竖直位移以及不同加载级别剪应力的分布特征，从而更好地了解结构面的剪切蠕变特性。本次剪切蠕变试验结构面水平位移分布云图如图 5-15 所示，由于篇幅的限制，蠕变数值试验云图依然选取法向应力为 $\sigma=1.5$ MPa 时的试验结果进行说明，同一角度结构面在不同级别荷载下的云图选取 20°结构面试件进行说明。

从水平位移分布云图 5-15(a)可以看出，不同角度结构面在剪切蠕变情况下，水平位移分布具有较为相似的规律，只是 10°、20°试样在相同的法向应力条件下，水平位移更大，且发生滑移破坏的可能性也更大；30°、45°结构面试样的水平位移则较小，几乎没有发生滑移破坏。不同类型的结构面试样，水平位移在齿尖突起镶嵌的地方均较小，块体上半部分向上水平位移依次增大，主要原因还是

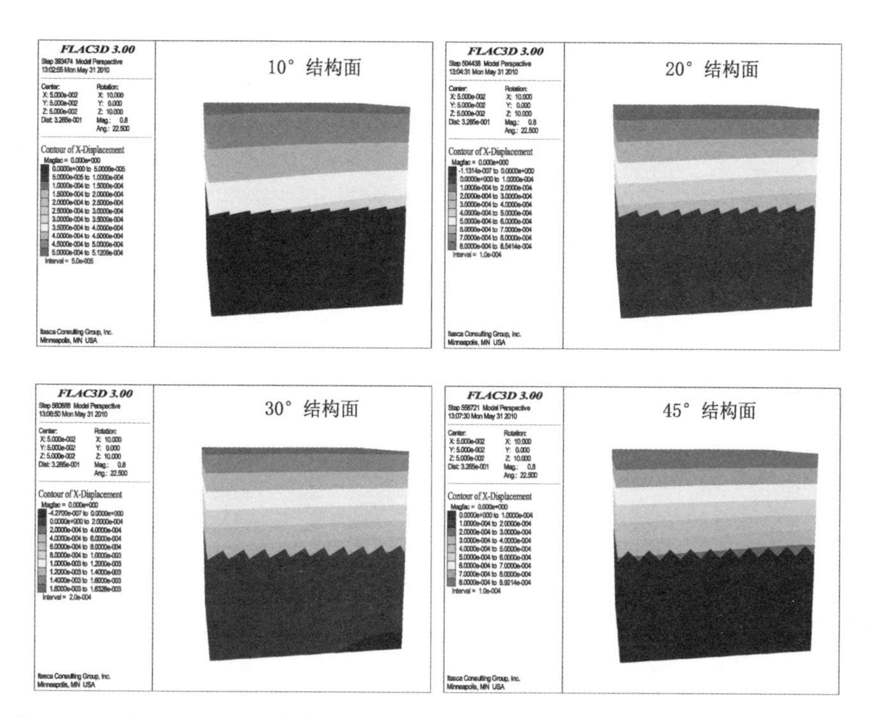

图 5－15(a)　1.5 MPa 法向应力条件下不同角度结构面剪切蠕变水平位移分布云图

由于齿尖部分切齿效应的存在，很大程度上限制了水平位移的发展。

图 5－15(b)是 20°结构面在法向应力为 1 MPa 时，各级剪应力条件下试样的水平位移分布云图，从图中可以看出：分级加载情况下，结构面试样的水平位移分布随着剪应力级别增大，规律性并没有发生变化，只是水平位移在持续增大，最终发生了滑移破坏。其他类型结构面水平位移的分布及发展也都具有相似的规律，但试样最终的破坏类型由于结构面角度的不同而不同，主要分为滑移破坏和切齿破坏两种。图 5－16 是不同角度结构面剪切蠕变试验水平位移的放大图，从图中可以更加清晰地看到不同角度结构面破坏模式的差别：10°结构面

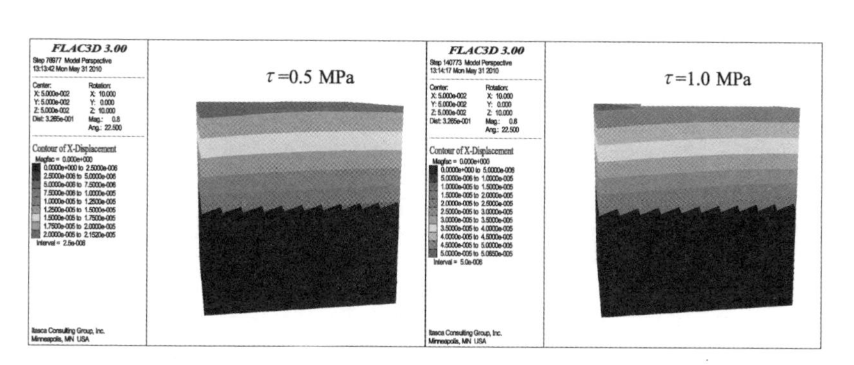

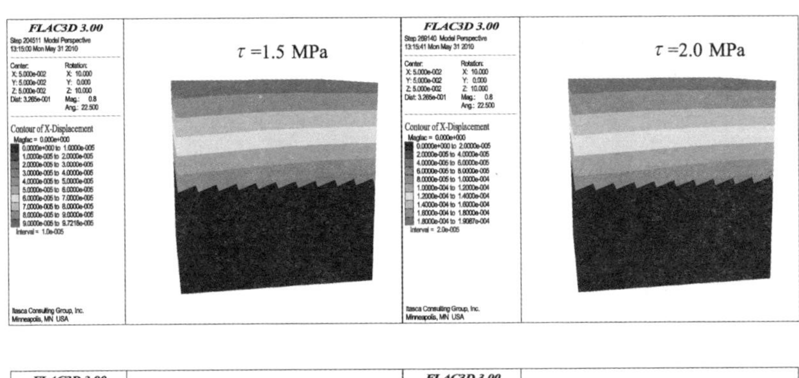

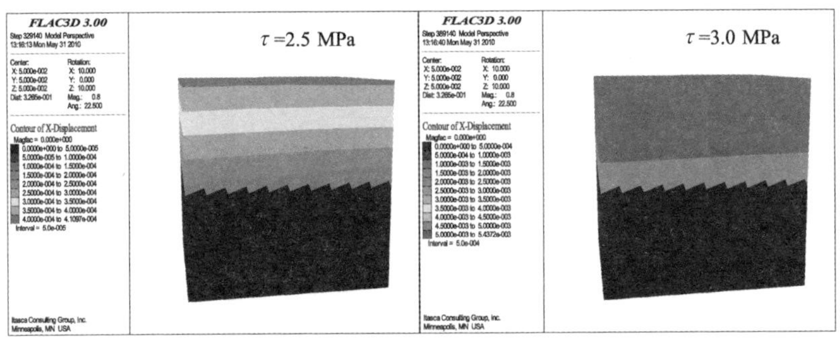

图 5-15(b)　1.0 MPa 法向应力下 20°结构面在不同剪应力级别下蠕变水平位移变化云图

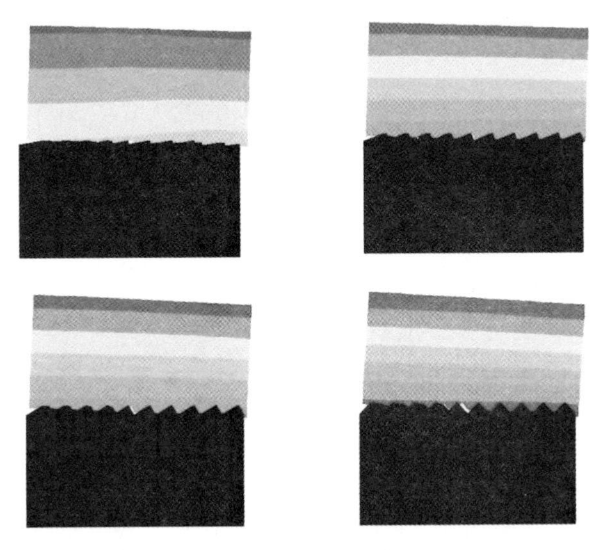

图 5-16　1.5 MPa 法向应力条件下不同角度结构面剪切蠕变破坏模式图

试样以滑移破坏为主，20°结构面试样同时存在滑移和剪断破坏，30°、45°结构面试样以剪断破坏为主，可以看出明显的切齿现象，同时存在明显的爬坡效应。

图 5－17(a)是不同类型结构面试样发生蠕变破坏时剪应力分布云图(取上半部分)，从图中可以看出，不同角度的结构面在蠕变破坏时都是后面少数齿尖存在剪应力集中，角度越大，法向应力越大，剪应力值也越大，不同角度结构面剪应力的分布规律类似。

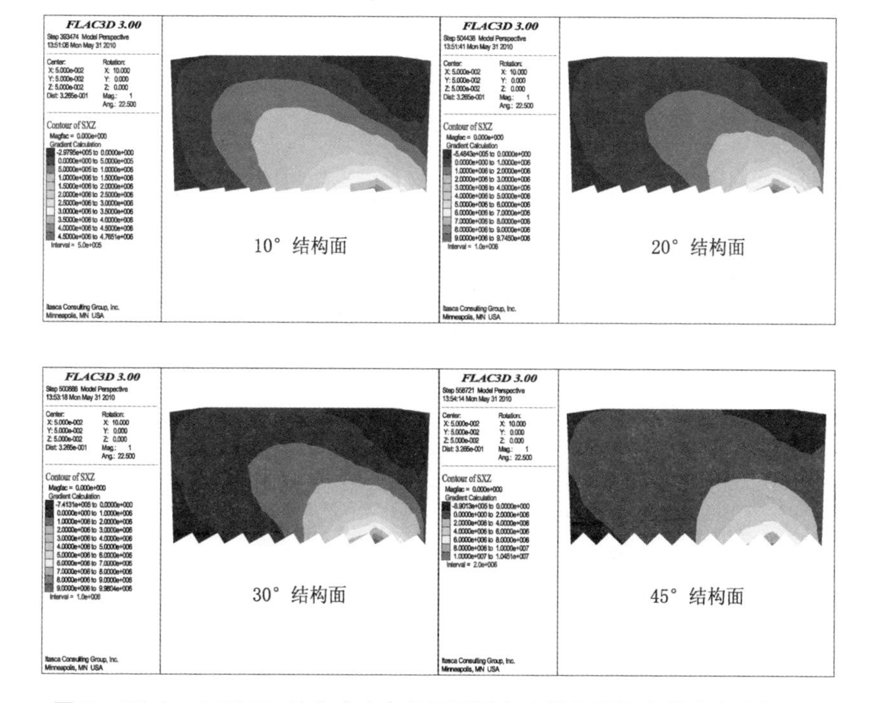

图 5－17(a)　1.5 MPa 法向应力条件下不同角度结构面蠕变剪应力分布云图

图 5－17(b)是 20°结构面试样在 1 MPa 法向应力下，不同级别蠕变剪应力的变化云图，从本次数值试验中可以看到：在剪切蠕变试验过程中，不同剪应力级别下，试样的齿状突起物所发挥的作用并不相同，剪应力级别较低时，也就是加载初期，多数齿状突起物都发挥了抵抗作用，有应力集中现象，但剪应力值都比较小；随着剪应力级别的增大，当齿状突起物被逐个剪坏时，发挥抵抗作用的齿状突起物逐渐减少，起到抗剪作用的突起物越来越少，水平位移持续增大，而试样发生破坏时，试样只在后面少数齿尖有应力集中。

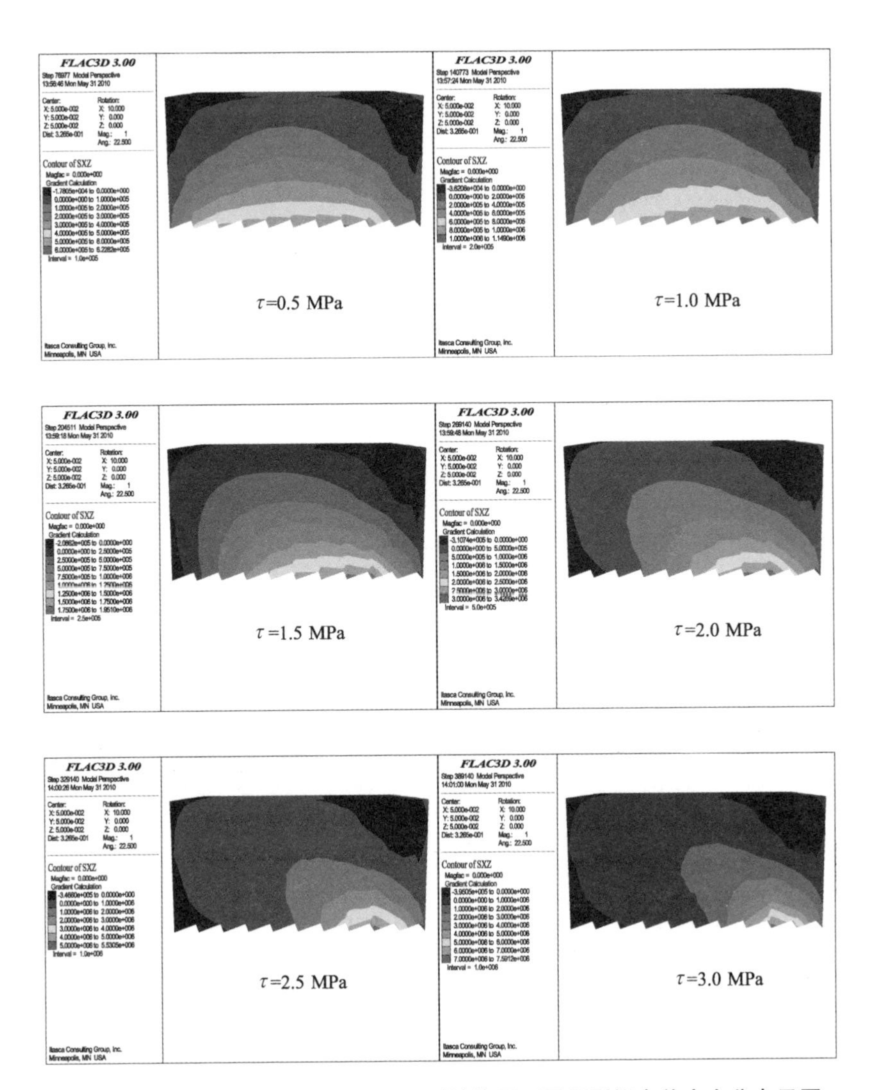

图 5-17(b)　1.0 MPa 法向应力下 20°结构面不同级别蠕变剪应力分布云图

5.2.3　规则齿形结构面剪切蠕变曲线特征分析

本次数值模拟剪切蠕变试验试样的水平位移及剪切应力的采样记录也是根据模型上半块试件加载面上所有节点求得平均值得到的，法向变形也一样。剪切蠕变数值试验进行了 4 种法向应力条件下 4 种不同类型结构面的剪切蠕变试验，每级剪应力持续时间为 60 h，每级应力差为 0.5 MPa，图 5-18 给出了不同类型结构面试样蠕变全过程曲线。

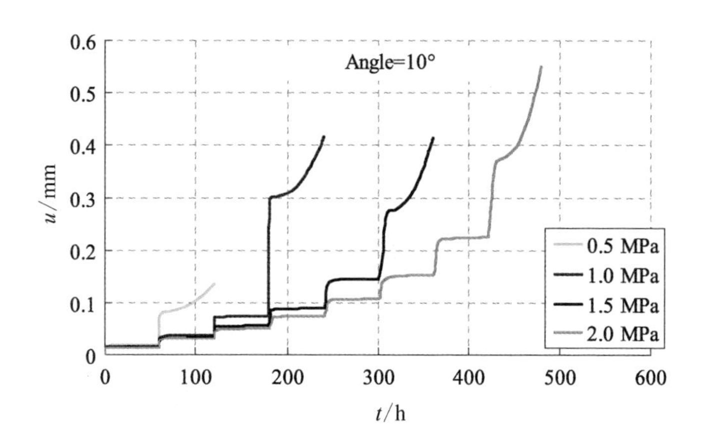
Angle=10°
u/mm
t/h
0.5 MPa
1.0 MPa
1.5 MPa
2.0 MPa
0
0.1
0.2
0.3
0.4
0.5
0.6
0
100
200
300
400
500
600

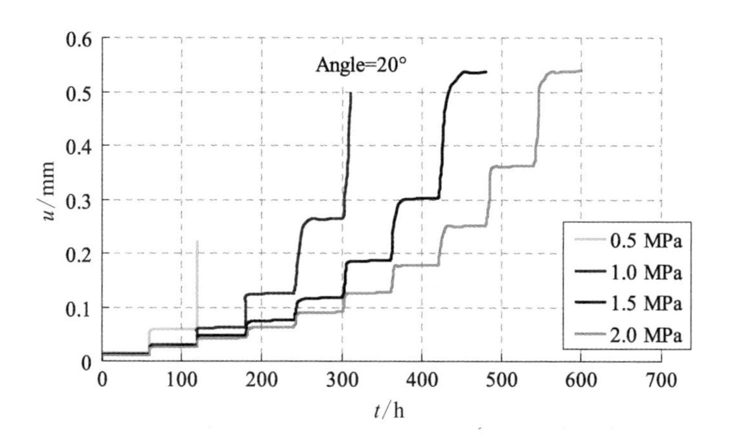
Angle=20°
u/mm
t/h
0.5 MPa
1.0 MPa
1.5 MPa
2.0 MPa
0
0.1
0.2
0.3
0.4
0.5
0.6
0
100
200
300
400
500
600
700

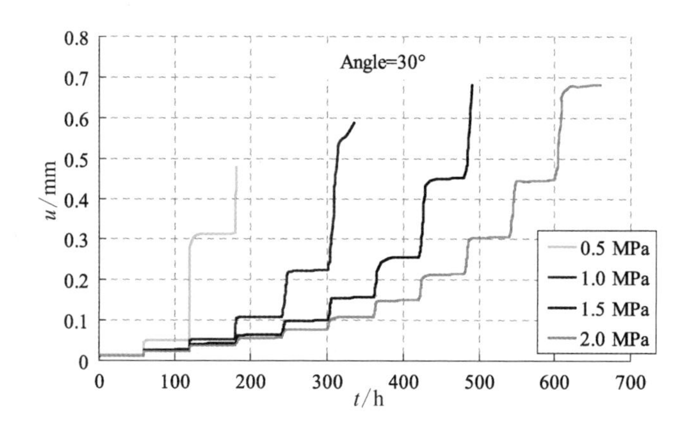
Angle=30°
u/mm
t/h
0.5 MPa
1.0 MPa
1.5 MPa
2.0 MPa
0
0.1
0.2
0.3
0.4
0.5
0.6
0.7
0.8
0
100
200
300
400
500
600
700

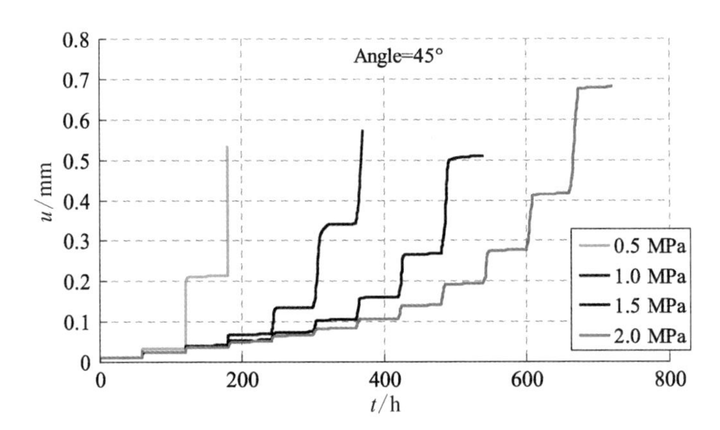

图 5-18(a) 不同法向应力下相同角度结构面剪切蠕变全过程曲线

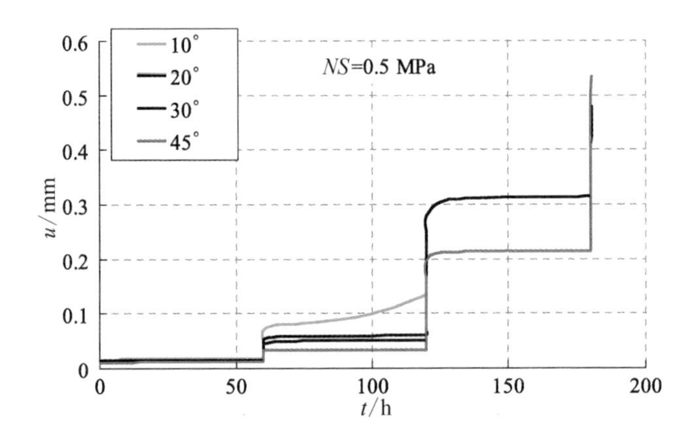

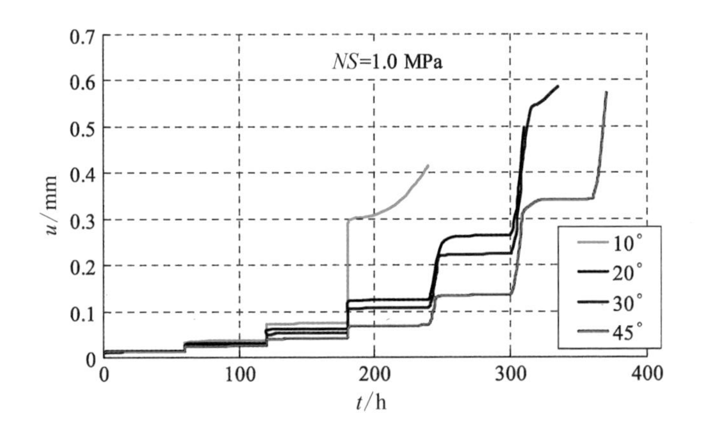

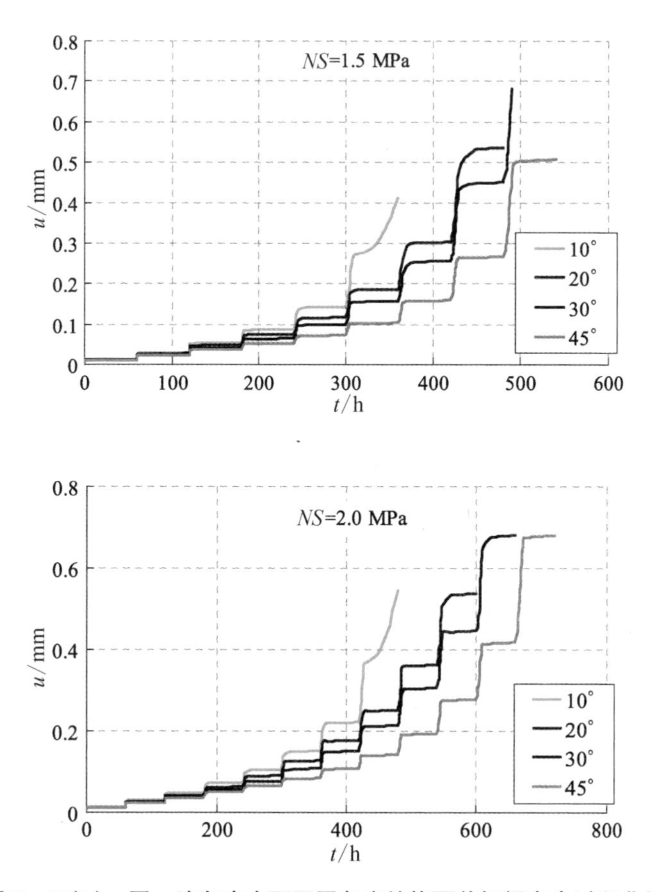

图 5-18(b)　同一法向应力下不同角度结构面剪切蠕变全过程曲线

观察不同法向应力条件下结构面试件剪切蠕变数值试验的全过程曲线[图 5-18(a)]可以看出：对于相同角度的结构面试件，当法向应力水平高时，剪切蠕变变形大，加载后瞬时变形和过渡蠕变变形比法向应力低时明显，法向应力大时，剪切应力加载的级数明显增加，如 45°结构面试样在法向应力为 0.5 MPa 时，剪切应力级别可以加到第 4 级，法向应力为 1.0 MPa 时，可以加到第 7 级，而法向应力为 2.0 MPa 时，可以加到第 13 级；结构面角度较小的试样，如 10°结构面，在蠕变过程中均出现了加速蠕变阶段，20°、30°结构面试样，少部分出现了加速蠕变阶段，这与室内试验观察到的现象有所不同；而结构面角度较大的 45°结构面始终未出现加速蠕变阶段，未出现加速蠕变阶段的试样均是在施加下一级荷载时，剪应力增加到某一值，瞬时变形阶段水平位移达到 1 mm 而发生破坏的，破坏的时间很短。

除了法向应力外，结构面角度对于结构面剪切蠕变破坏模式的影响也十分显著，在曲线形态上得到了很好地体现，图 5－18(b)是不同角度结构面试样在同一法向应力条件下的蠕变全过程曲线。对不同角度的结构面，在相同的试验条件下，角度越大，剪切蠕变变形越小，因为试样受力后结构面的爬坡效应和切齿效应是变形的重要控制因素，因此角度较大时，结构面的嵌入和摩擦作用也更大，而水平位移则相对较小，同时，结构面角度较大的试样剪应力加载的级数也更多，说明结构面角度大的试样在相同的法向应力条件下需要更大的剪应力才能发生破坏。同一法向应力下，结构面蠕变破坏强度与结构面角度的关系如图 5－19(a)所示，同一角度结构面蠕变破坏强度与法向应力关系如图 5－19(b)所示。

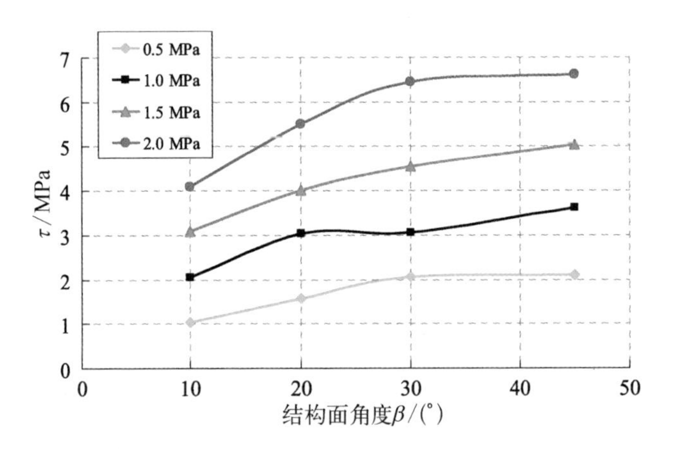

图 5－19(a)　结构面蠕变破坏强度与结构面角度的关系

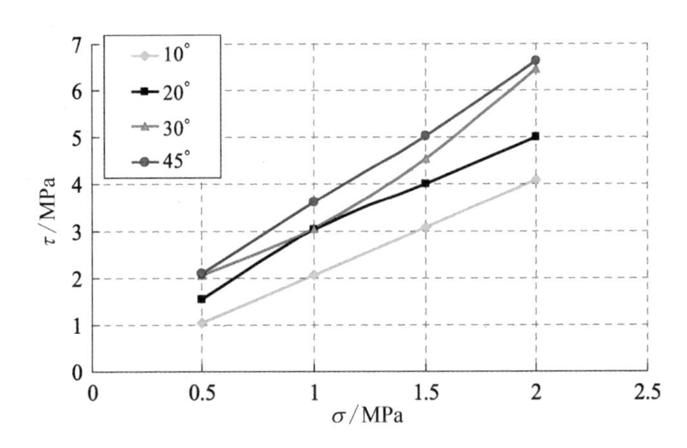

图 5－19(b)　结构面蠕变破坏强度与法向应力关系

在进行规则齿形结构面的剪切蠕变试验时，通过监测法向变形，还可以得到结构面的法向变形曲线，进而获得反映结构面扩容特性的曲线。本次结构面剪切蠕变试验中，不同角度结构面试样的扩容曲线，如图 5－18 所示。本次结构面剪切蠕变试验过程中，不同试验条件下，试样均存在扩容现象，结构面剪切蠕变过程中的法向变形主要是由于结构面沿突起物的爬坡造成的，因此，结构面的法向变形与法向应力的大小以及突起物的形态都有一定的关系。

从扩容曲线图 5－20(a)中可以看出不同角度的结构面在剪切蠕变试验过程中法向变形和扩容特性方面具有一定的规律性。对于相同角度的结构面试件，法向应力越大，结构面法向变形越小，扩容现象越不明显，因为当法向应力大时，很大程度上限制了结构面的爬坡效应。不同角度的结构面试件，在相同的法向应力下，法向变形与结构面角度有较大关系，与室内试验观察到的现象不同的是，数值试验中角度大的结构面法向变形也比较大，即使 45°结构面，爬

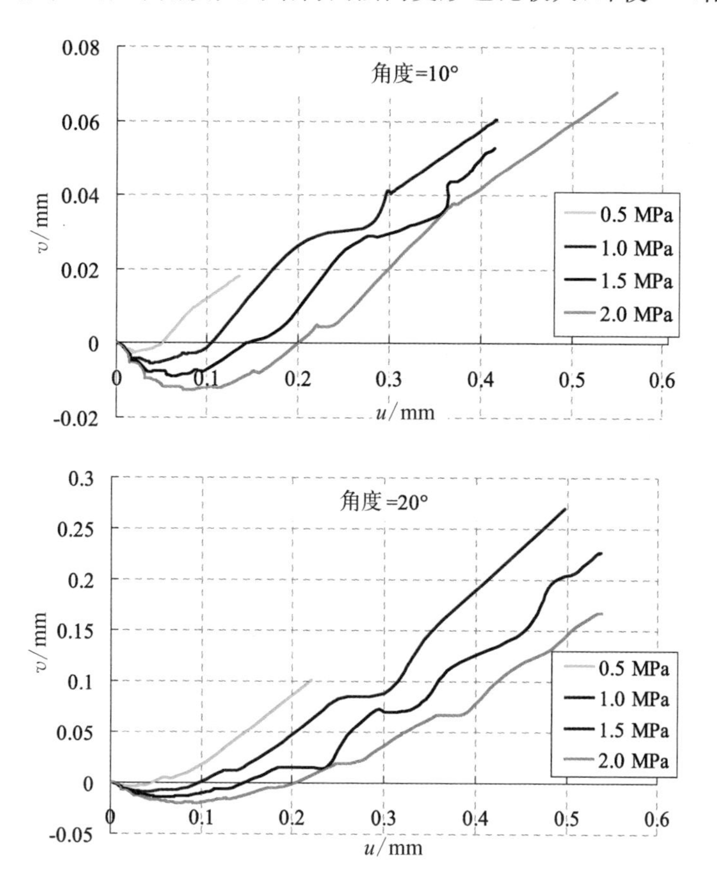

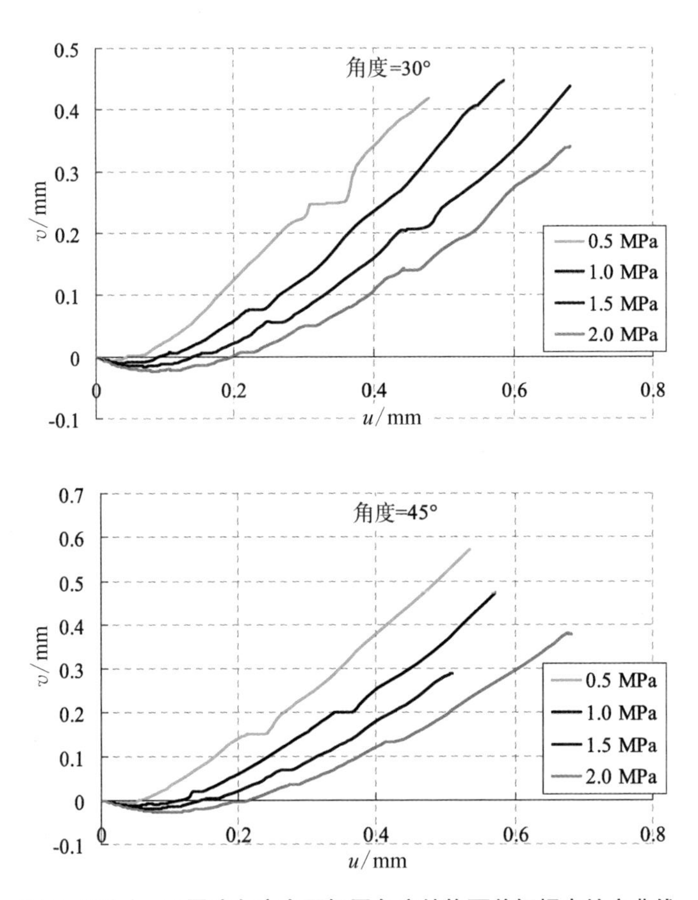

图 5-20(a) 不同法向应力下相同角度结构面剪切蠕变扩容曲线

坡效应造成的扩容现象依然十分明显，主要是因为数值模拟试验中本构模型的关系，试样更多的是沿结构面的爬坡而发生的破坏，切齿效应反映得并不明显，因此，结构面角度越大，其扩容现象相对越明显，与实际情况有一定的差距。

从不同角度的结构面扩容曲线 5-20(b)可以看出，扩容曲线的平均斜率不随法向应力的变化而变化，与法向应力的大小无关，相同角度结构面扩容曲线的平均斜率基本一致，不同角度的结构面的扩容曲线，平均斜率随着结构面角度的增大而增大。这说明结构面的扩容现象主要是由于结构面在剪切过程中沿齿状突出物的爬坡效应产生的。结构面的扩容量与法向应力大小有密切关系，不同类型的结构面，扩容量均随着法向应力的增大而减小，主要是由于法向应力的增大限制了结构面的爬坡效应。

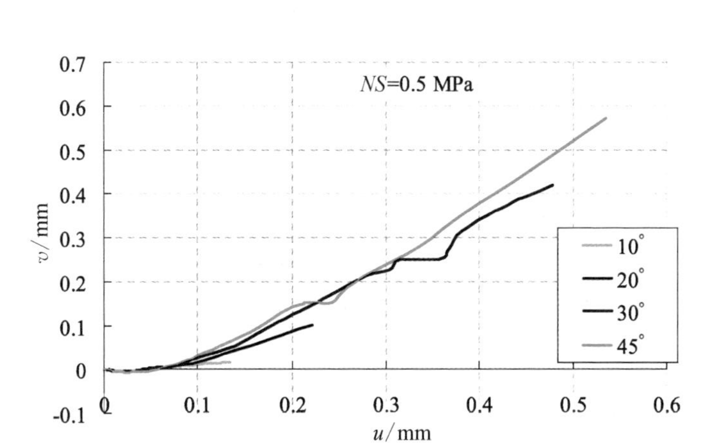
NS=0.5 MPa
v/mm
u/mm
10°
20°
30°
45°
0.7
0.6
0.5
0.4
0.3
0.2
0.1
0
-0.1
0
0.1
0.2
0.3
0.4
0.5
0.6

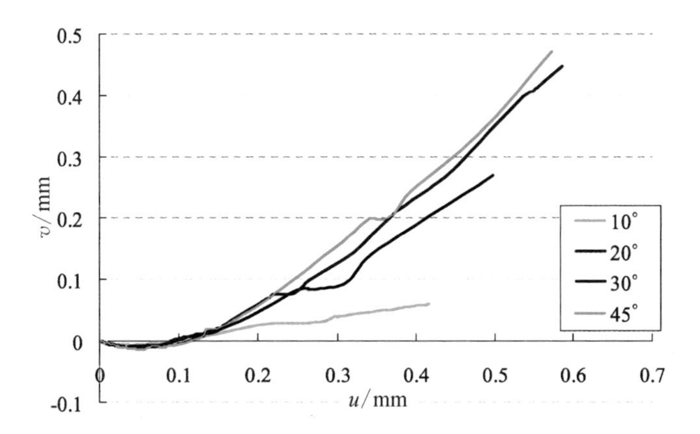
v/mm
u/mm
10°
20°
30°
45°
0.5
0.4
0.3
0.2
0.1
0
-0.1
0
0.1
0.2
0.3
0.4
0.5
0.6
0.7

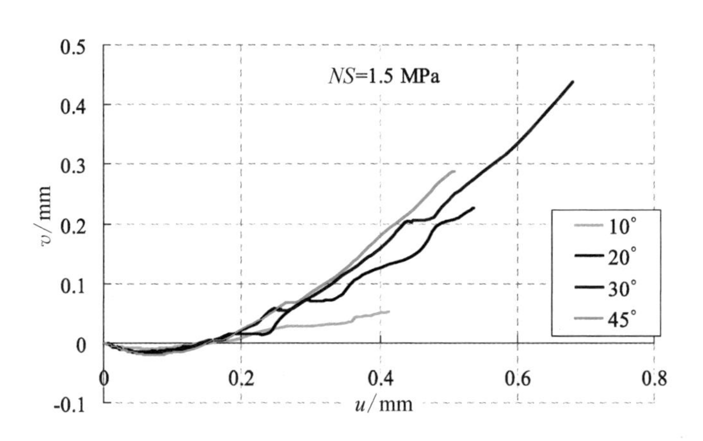
NS=1.5 MPa
v/mm
u/mm
10°
20°
30°
45°
0.5
0.4
0.3
0.2
0.1
0
-0.1
0
0.2
0.4
0.6
0.8

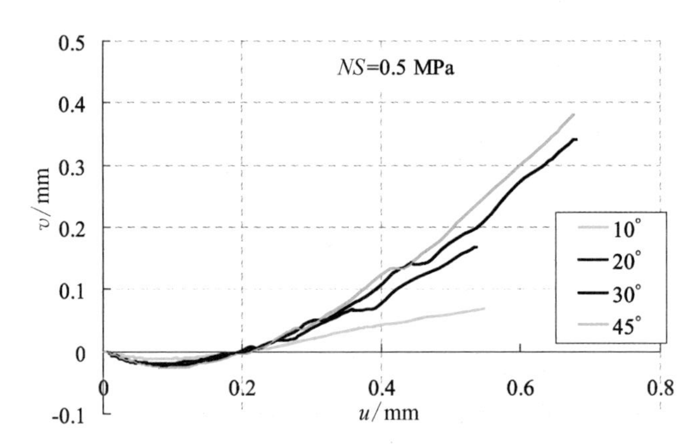

图 5-20(b)　同一法向应力下不同角度结构面剪切蠕变扩容曲线

5.3 本章小结

数值模拟试验方法可以剔除在一般试验中遇到的难以回避的干扰和影响，从而使试验结果能够更容易反映某种现象和规律，在认识和把握结构面的变形与破坏规律方面具有常规物理试验无法替代的优势，本章利用 FLAC3D 软件建立不同结构面角度的三维规则齿形结构面模型，进行不同应力水平条件下的结构面常规剪切试验和剪切蠕变试验，分析不同结构面角度和应力水平对结构面强度和变形特性的影响，主要得出以下一些结论：

(1) 不同角度的结构面在剪切过程中齿尖都存在应力集中，角度越大，齿尖应力集中越明显，剪应力值也越大；同一角度结构面试样的法向应力与剪切应力之间基本符合线性关系，但结构面角度与剪切强度之间，随着结构面起伏角度的增大，剪切强度有非线性增长的趋势；在剪切试验过程中，试样的齿状突起物所发挥的作用并不相同，在剪切试验初期，只有前面少数突起物有应力集中现象，到了剪应力峰值时，起到抗剪作用的突起物达到最多，而试样发生破坏时，试样只在后面少数几个齿尖有应力集中。

(2) 结构面的剪切曲线可以分为三个阶段，线形增长阶段、峰值阶段和峰后滑移阶段；剪切位移曲线均没有出现剪断特征或应力降，峰值后的曲线均为表现为沿结构面的滑移破坏，但不同角度结构面的剪切位移曲线非线性变化阶段有所不同；不同角度的结构面试样，剪切扩容曲线斜率与结构面角度之间基本呈线性关系，结构面角度越大，曲线的斜率越大，扩容量也越大，充分反映了试块在剪切过程中沿结构面的爬坡效应。

（3）在剪切蠕变试验过程中，不同类型的结构面试样，水平位移在齿尖突起镶嵌的地方均较小，块体上半部分向上水平位移依次增大；不同剪应力级别下，试样的齿状突起物所发挥的作用并不相同，剪应力级别较低时，多数齿状突起物都发挥了抵抗作用，随着剪应力级别的增大，发挥抵抗作用的齿状突起物逐渐减少，起到抗剪作用的突起物越来越少，而试样发生破坏时，试样只在后面少数齿尖有应力集中。

（4）对于相同角度的结构面试件，当法向应力水平高时，剪切蠕变变形大，剪切应力加载的级数明显增加；对不同角度的结构面，在相同的试验条件下，角度越大，剪切蠕变变形越小，结构面角度较大的试样剪应力加载的级数也更多。

（5）剪切蠕变扩容曲线的平均斜率不随法向应力的变化而变化，与法向应力的大小无关，相同角度结构面扩容曲线的平均斜率基本一致，不同角度的结构面的扩容曲线，平均斜率随着结构面角度的增大而增大；结构面的扩容量与法向应力大小有密切关系，不同类型的结构面，扩容量均随着法向应力的增大而减小。

第6章 结论与展望

本书在国家自然科学基金项目和高等学校博士学科点专项科研基金项目资助下，以锦屏二级水电站辅助交通洞工程为研究背景，对岩体结构面的蠕变特性进行了研究，通过开展岩体结构面室内剪切试验和剪切蠕变试验，系统深入地研究岩体结构面在剪切蠕变条件下的力学特性和变形规律，分析归纳应力水平、结构面粗糙度、结构面发育程度等因素对结构面蠕变特性的影响及其变化规律，并探讨表现这些规律的结构面本构方程。有些方面研究工作做得还不够深入和具体，相关机理也需要更多的试验来证明，有待在以后的研究工作中深化和完善。

6.1 结　论

通过对岩体结构面进行室内剪切试验、剪切蠕变试验以及数值分析，得到如下一些主要结论：

(1) 通过规则齿形结构面在不同法向应力条件下的剪切试验，可以得到：

① 结构面在剪切过程中，结构面的破坏往往都是既有爬坡效应又有切齿效应，而不是发生单一的爬坡效应或切齿效应，爬坡效应和切齿效应的变化情况随着结构面角度的不同而不同；结构面粗糙度系数与结构面角度是呈线性关系的。

② 规则齿形结构面快剪试验破坏试样的观察结果表明，试样的剪切破坏主要有两种类型：一是爬坡滑移破坏，二是剪断破坏；结构面剪切位移曲线的类型主要与结构面的角度和法向应力的大小有关，本质上是因为爬坡角和法向应力会决定结构面在剪切过程中的破坏类型，结构面破坏过程中的爬坡效应和切齿效应不断发生变化，从而导致了剪切曲线类型的变化。

③ 结构面的扩容曲线很好地反映了结构面在剪切过程中，剪切变形和法向

变形的发展情况，从而反映了试样体积的变化情况，结构面的扩容曲线可以分为三个阶段。

（2）通过规则齿形结构面在不同法向应力条件下的剪切蠕变试验，可以得到：

① 结构面在蠕变试验过程中，严格意义下的稳态蠕变是不存在的，常说的稳态蠕变实际上是蠕变速度随时间缓慢减小的近似稳态蠕变过程，而最终趋于稳定或者破坏；结构面没有明显的加速蠕变阶段，而是当剪切应力增加到某一值时，结构面出现迅速滑移而达到破坏，破坏过程极为短暂，相对于岩石材料而言，结构面的剪切流变破坏表现出明显的瞬时变形特性。

② 结构面蠕变速率在开始阶段有一个初始蠕变速率，试验过程中蠕变速率随时间以指数递减的形式变化，并最终趋于稳定，且都没有出现加速阶段。

③ 结构面蠕变试验结果表明，硬性结构面具有一定的时效变形特性，在长期荷载作用下的强度参数比结构面快剪强度参数有一定程度的降低，但降低幅度有限。对于硬性结构面的剪切蠕变试验采用 Burgers 模型从整体上来说拟合得比较好，但是从细致的角度来分析，并没有很完整地反映结构面的蠕变过程。

（3）通过绿片岩软弱结构面在不同法向应力条件下的剪切蠕变试验，可以得到：

① 含绿片岩软弱结构面的大理岩剪切曲线表现出明显的脆性破坏特征，试验剪切位移曲线主要表现为三个阶段，剪切破坏强度呈现出较为明显的离散性，剪切破坏强度主要与软弱结构面的发育程度以及剪切破坏模式有关。

② 软弱结构面剪切蠕变的破坏特征与结构面的发育程度有密切关系，结构面的破裂面上存在明显的强烈摩擦滑移作用留下的绿片岩粉末，表明在蠕变的过程中，岩体内部的剪切裂缝不断累积发展并最终导致时效性破坏的出现。

③ 绿片岩软弱结构面的蠕变并不是一个线形函数，在衰减蠕变和加速蠕变阶段均表现出明显的非线性特征，即使在稳态蠕变阶段，曲线形态也比较复杂，可以认为结构面非线性剪切蠕变变形是时间的函数，提出一个非线性流变元件与西原模型串联起来，建立一个新的结构面非线性黏弹塑性剪切流变模型，可以对绿片岩软弱结构面剪切蠕变特性进行较为全面的描述。

（4）通过规则齿形结构面在不同法向应力条件下的数值模拟试验，可以得到：

① 不同角度的结构面在剪切过程中齿尖都存在应力集中，角度越大，齿尖应力集中越明显，剪应力值也越大；同一角度结构面试样的法向应力与剪切应力

之间基本符合线性关系，但结构面角度与剪切强度之间，随着结构面起伏角度的增大，剪切强度有非线性增长的趋势。

② 结构面的剪切曲线可以分为三个阶段，线形增长阶段、峰值阶段和峰后滑移阶段；剪切位移曲线均没有出现剪断特征或应力降，峰值后的曲线均为表现为沿结构面的滑移破坏，但不同角度结构面的剪切位移曲线非线性变化阶段有所不同。

③ 在剪切蠕变试验过程中，不同类型的结构面试样，水平位移在齿尖突起镶嵌的地方均较小，块体上半部分向上水平位移依次增大；不同剪应力级别下，试样的齿状突起物所发挥的作用并不相同，剪应力级别较低时，多数齿状突起物都发挥了抵抗作用，随着剪应力级别的增大，发挥抵抗作用的齿状突起物逐渐减少，起到抗剪作用的突起物越来越少，而试样发生破坏时，试样只在后面少数齿尖有应力集中。

④ 对于相同角度的结构面试件，当法向应力水平高时，剪切蠕变变形大，剪切应力加载的级数明显增加；对不同角度的结构面，在相同的试验条件下，角度越大，剪切蠕变变形越小，结构面角度较大的试样剪应力加载的级数也更多。

⑤ 剪切蠕变扩容曲线的平均斜率不随法向应力的变化而变化，与法向应力的大小无关，相同角度结构面扩容曲线的平均斜率基本一致，不同角度的结构面的扩容曲线，平均斜率随着结构面角度的增大而增大；结构面的扩容量与法向应力大小有密切关系，不同类型的结构面，扩容量均随着法向应力的增大而减小。

6.2 建议和展望

论文对岩体结构面的流变力学特征进行了较深入的试验研究和理论分析，并取得了一些研究成果。鉴于所研究对象的复杂性，以及笔者时间、能力有限，认为有以下几点可以进行进一步的研究：

(1) 本文中的硬性结构面试样主要为规则齿形结构面，下一步研究可以选择天然结构面试件或者 Barton 提出的标准剖面线试件进行试验，分析研究粗糙度对其变化规律的影响特征，探讨其力学特性从规则齿形结构面到天然结构面转换的规律，建立结构面粗糙度对其力学特性影响定量评价体系。

(2) 本文由于试验结果及数据分析的限制，结构面流变本构模型中未能引入反映结构面力学特性的参数，建议下一步研究可以在分析结构面剪切蠕变试验条件下力学特性的基础上，建立考虑结构面非线性特性及粗糙度特性的流变本构方程。

(3) 本文由于试验结果有限，未能对结构面的长期强度确定方法进行深入的研究，后续研究可以通过结构面剪切蠕变试验、应力松弛试验，探讨确定结构面长期强度间接法的理论依据及其简捷的试验方法，寻找一种更为合理的结构面长期强度的评价方法，分析研究瞬时强度与长期强度之间差异和联系，提出描述结构面长期强度的经验公式，建立结构面长期强度评价体系。

(4) 本文的试验成果及研究成果未能在实际工程中进行计算验证，建议进一步的研究可以将理论成果结合相关实际工程，进行边坡工程及地下工程围岩长期稳定性分析计算。

参考文献

[1] 邬爱清. 深部岩体工程特性的试验与理论研究[R]. 国家自然科学基金申请书,2006.

[2] 夏才初,孙宗颀,潘长良. 不同形貌结构面的剪切强度和闭合变形研究[J]. 水利学报,1996,11.

[3] 夏才初,孙宗颀. 结构面表面形貌的室内和现场量测及其应用[J]. 勘查科学技术,1994,4(27):27 - 31.

[4] 夏才初,孙宗颀,任自民,等. 岩石结构面表面形貌的现场量测及分级[J]. 中国有色金属学报,1993.

[5] 夏才初. 岩石结构面的表面形态特征研究[J]. 工程地质学报,1996,4(3):71 - 78.

[6] 夏才初,孙宗颀. RSP - Ⅰ型智能岩石表面形貌仪[J]. 水利学报,1995,6:62 - 66.

[7] Patton FD. Multiple modes of shear failure in rock[J]. Proceedings of the First Congress ISRM, vol. 1, Lisbon 1966: 509 - 513.

[8] L. 米勒. 国际力学中心(CISM)固体力学教程第 165 号教程与讲座岩石力学[M]. 李世平,冯震海,译. 北京:煤炭工业出版社,1981.

[9] Barton N, Bakhtar K. Description, modelling of rock joint for the hydro-thermo-mechanical design of nuclear waste vaults[C]. AECLTR - 418, 1987.

[10] Barton N, Choubey V. The shear strength of rock joints in theory and practice[J]. Rock Mech, 1977, 10: 1 - 54.

[11] 孙宗颀,徐放明. 岩石结构面表面特性的研究及其分级[J]. 岩石力学与工程学报,1999,10(1):63 - 73.

[12] 陶振宇. 结构面与断层岩石力学[M]. 北京:中国地质大学出版社,1992.

[13] 谢和平,Pariseau W G. 结构面粗糙度系数的分形估算[J]. 地质科学译丛,1992(9).

[14] 周创兵. 结构面面粗糙度系数与分形维散的关系[J]. 武汉水利电力大学学报,1996,29(5).

[15] 王建锋. 岩体结构面粗糙度系数研究进展[J]. 地质科技情报,1991(10).

[16] 杜时贵,葛军容. 岩石结构面粗糙度系数 JRC 测量新方法[J]. 西安公路交通大学学报,

1999,19(2): 10 - 13.

[17] 杜时贵,杨树峰,姜舟,等. JRC 快速测量技术[J]. 工程地质学报,2002,10(1): 98 - 102.

[18] 杜时贵. 岩体结构面面的力学效应研究[J]. 现代地质,1994,8(2): 198 - 208.

[19] Bandis S C, Lumsden A C, Barton N R. Foundamentals of rock joint deformation [J]. International Journal of Rock Mechanics and Mining Sciences & Geomechanics Abstracts, 1983, 20(6): 249 - 268.

[20] Ladanyi B, Archambault G. Simulation of shear behavior of a jointed rock mass[C]. Proceedings of the 11th US Symposium on Rock Mechanics, AIME, New York, 1970: 105 - 125.

[21] Amadei B, Saeb S. Constitutive models of rock joints [M]. Proceedings of the International Symposium on Rock Joints, Loen, Norway, 1990: 581 - 594.

[22] Huang X A. Laboratory study of the mechanical behavior of rockjoints-with particular interest to dilatancy and asperity surface damage mechanism [D]. Ph. D. thesis, University of Wisconsin-Madison, USA, 1990.

[23] Plesha M E. Constitutive models for rock discontinuities with dilatancy and surface degradation[J]. Int J Numer Anal Meth Geomech 1987, 11: 345 - 362.

[24] Qiu X, Plesha M E, Huang X, et al. An investigation of the mechanics of rock jointsFPart II[J]. Analytical investigation. Int J Rock Mech Min Sci Geomech Abstr 1993, 30: 271 - 287.

[25] Turk N, Dearman W R. Investigation of some rock joint properties: roughness angle determination and joint closure[M]. Proceedings of the International Symposium on Fundamentals of Rock Joints, Bjrkliden, Sweden, 1985: 197 - 204.

[26] Divoux P, Boulon M, Bourdarot E. A mechanical constitutive model for rock and concrete joints under cyclic loading[J]// Rossmanith H P, Proceedings of Damage and Failure of Interfaces; 1997: 443 - 450.

[27] Armand G, Boulon M, Papadopoulos C, Basanou ME, Vardoulakis IP. In: Rossmanith H. -P. , editor. Mechanical behaviour of Dionysos marble smooth joints: I. Experiments[J]. Proceedings of Mechanics of Jointed and Faulted Rock, 1998: 159 - 164.

[28] Huang S L, Oelfke S M, Speck R. Applicablility of fractal characterization and modelling to rock joint profiles [J]. International Journal of Rock Mechanics and Mining Sciences and Geomechanics, Abstracts, 1992, 29(2): 89 - 98.

[29] Kulatilake PHSW, Shou G, Huang TH, Morgan RM. New peak shear strength criteria for anisotropic rock joints[J]. International Journal of Rock Mechanics and Mining Sciences and Geomechanics, Abstracts, 1995, 32(7): 673 - 697.

[30] Kulatilake PHSW, Um J, Pan G. Requirements for accurate estimation of fractal parameters for self-affine roughness profiles using the line scaling method[J]. Rock Mechanics and Rock Engineering 1997, 30(4): 181 - 206.

[31] Sabbadini S. Etude et influence dela morphologie des epontes surle comportement me canique des joints rocheux naturels et artificiels[M]. These INP, Nancy, France, 1994: 180.

[32] Jing L. Numerical modeling of jointed rock masses by distinct element method for two and three-dimensional problems[D]. Doctorial thesis, Lulea University of Technology, Lulea, Sweden, 1990.

[33] 沈明荣. 岩体力学[M]. 上海：同济大学出版社，1998.

[34] 杜时贵. 结构面粗糙度系数研究进展[J]. 现代地质，1995，9(4).

[35] 蔡美峰，何满潮，刘东燕. 岩石力学与工程[M]. 北京：科学出版社，2002.

[36] 刘佑荣，唐辉明. 岩体力学[M]. 北京：中国地质大学出版社，1999.

[37] Laganyi B, Archambault G. Simulation of shear behaviour of a jointed rock mass[C]// SOMERTON W H ed. Proceedings of the 11th Symp. on Rock Mechanics. [S. l.]: AIME, 1970: 105 - 125.

[38] Barton N. Review of new shear-strength criterion for rock joints[J]. Engineering Geology, 1973, 7(3): 287 - 332.

[39] Olsson R, BARTON N. An improved model for hydromechanical coupling during shearing of rock joints[J]. International Journal of Rock Mechanics and Mining Sciences, 2001, 38(3): 317 - 329.

[40] 刘才华，陈从新，付少兰. 剪应力作用下岩体裂隙渗流特性研究[J]. 岩石力学与工程学报，2003，2(10): 1651 - 1655.

[41] 杜守继，朱建栋，职洪涛. 岩石结构面经历不同变形历史的剪切试验研究[J]. 岩石力学与工程学报，2006，25(1): 56 - 60.

[42] Cook N G W. Natural joints in rock: mechanical, hydraulic and seismic behavior and properties under normal stress [J]. International Journal of Rock Mechanics and Mining Sciences & Geomechanics Abstracts, 1992, 29(3): 198 - 223.

[43] Goodman R E. Introduction to rock mechanics [M]. J. Willey and Sons, 1989.

[44] Barton N, Bandis S, Bakhtar K. Strength, deformation and conductivity coupling of rock joints [J]. International Journal of Rock Mechanics and Mining Sciences & Geomechanics Abstracts, 1985, 22(3): 121 - 140.

[45] Shehata W M. PhD thesis (1971), quotedin Sharp JC andMaini YNT, in fundamental considerations on the hydraulic characteristics of joints in rock[D]. Proceedings of the Symposium on Percolation Through Fissured Rock, paper no. T1 - F,

Stuttgart, 1972.
[46] Sun Z. Fracture mechanics and tribology of rocks and rock joints[D] Lulea: Lulea University of Technology, 1983.
[47] Malama B, Kulatilake P H S W. Models for normal fracture deformation under compressive loading [J]. International Journal of Rock Mechanics and Mining Sciences, 2003, 40(6): 893 - 901.
[48] 赵坚,蔡军刚,赵晓豹,等. 弹性纵波在具有非线性法向变形本构关系的结构面处的传播特征[J]. 岩石力学与工程学报,2003,22(1): 9 - 17.
[49] Jing L, Nordlund E, Stephansson O. A 3D constitutive model for rock joints with anisotropic friction and stress dependency in shear stiffness [J]. International Journal of Rock Mechanics and Mining Sciences & Geomechanics Abstracts, 1994, 31(2): 173 - 178.
[50] 尹显俊,王光纶,张楚汉. 岩体结构面切向循环加载本构关系研究[J]. 工程力学,2005,22(6): 97 - 103.
[51] 周宏伟,谢和平,左建平. 深部高地应力下岩石力学行为研究进展[J]. 力学进展,2005,35(1): 91 - 99.
[52] Griggs D T. Creep of rocks[J]. Journal of Geology, 1939, 47: 225 - 251.
[53] Okubo S, Nishimatsu Y, Fukui K. Complete creep curves under uniaxial compression [J]. Int. J. Rock Mech. Min. Sci. & Geomech. Abstr, 1991, 28(1): 77 - 82.
[54] 李永盛. 单轴压缩条件下四种岩石的蠕变和松弛试验研究[J]. 岩石力学与工程学报,1995,16(1): 39 - 47.
[55] Li Y S, Xia C C. Time-dependent tests on intact rocks in uniaxial compression [J]. International Journal of Rock Mechanics & Mining Sciences, 2000, 37(3): 467 - 475.
[56] 杨建辉,魏培君. 横向变形独立发展现象分析[J]. 河北建筑科技学院学报(自然科学版),1995,(04): 33 - 37.
[57] 徐平,夏熙伦. 三峡工程花岗岩蠕变特性试验研究[J]. 岩土工程学报,1996,18(4): 63 - 67.
[58] 王贵君,孙文若. 硅藻岩蠕变特性研究[J]. 岩土工程学报,1996,18(6): 55 - 60.
[59] 许宏发. 软岩强度和弹模的时间效应研究[J]. 岩石力学与工程学报,1997,(03): 246 - 251.
[60] 金丰年. 岩石拉压特征的相似性[J]. 岩土工程学报,1998,20(2): 31 - 33.
[61] 张学忠,王龙,张代钧,等. 攀钢朱矿东山头边坡辉长岩流变特性试验研究[J]. 重庆大学学报(自然科学版),1999,22(5): 99 - 103.
[62] 王金星. 单轴应力下花岗岩蠕变变形特征的试验研究[D]. 焦作: 焦作工学院,2000.
[63] Yin F. The creep of potash rock from new Brunswick [D]. Canada: University of

Manitoba, 1998.

[64] 赵永辉,何之民,沈明荣. 润扬大桥北锚碇岩石流变特性的试验研究[J]. 岩土力学,2003,24(4): 583-586.

[65] 李化敏,李振华,苏承东. 大理岩蠕变特性试验研究[J]. 岩石力学与工程学报,2004,23(22): 3745-3749.

[66] 丁秀丽,付敬,刘建,盛谦,陈汉珍,韩冰. 软硬互层边坡岩体的蠕变特性研究及稳定性分析[J]. 岩石力学与工程学报,2005(19): 3410-3418.

[67] 范庆忠,高延法. 分级加载条件下岩石流变特性的试验研究[J]. 岩土工程学报,2005,27(11): 1273-1276.

[68] 范庆忠. 岩石蠕变及其扰动效应试验研究[D]. 泰安: 山东科技大学,2006.

[69] 宋飞等. 石膏角砾岩流变特性及流变模型研究[J]. 岩石力学与工程学报,2005,24(15).

[70] 袁海平,曹平,万文等. 分级加卸载条件下软弱复杂矿岩蠕变规律研究[J]. 岩石力学与工程学报,2006,25(8): 1575-1581.

[71] 袁海平. 诱导条件下节理岩体流变断裂理论与应用研究[D]. 长沙: 中南大学,2006.

[72] 崔希海. 岩石流变特性及长期强度的试验研究[J]. 岩石力学与工程学报,2006,25(5): 1021-1024.

[73] 崔希海. 岩石流变扰动效应及试验系统研究[D]. 泰安: 山东科技大学,2007.

[74] 赵延林,曹平,文有道等. 岩石弹黏塑性流变实验和非线性流变模型研究[J]. 岩石力学与工程学报,2008,27(3): 477-486.

[75] Fujii Y, Kiyama T. Circumferential strain behaviour during creep tests of brittle rocks [J]. Int. J. Rock Mech. Mine Sci., 1999, 6: 323-337.

[76] Maranini E, Brignoli M. Creep behaviour of a weak rock: experimental characterization [J]. Int. J. Rock Mech. Mine. Sci., 1999, 36(1): 127-138.

[77] 李晓. 岩石峰后力学特性及其损伤软化模型的研究与应用[D]. 徐州: 中国矿业大学,1995.

[78] 林宏动. 木山层砂岩之流变行为研究[D]. 台北: 国立台湾大学,2001.

[79] 彭苏萍,王希良,刘咸卫,等. "三软"煤层巷道围岩流变特性试验研究[J]. 煤炭学报,2001,26(2): 149-152.

[80] 赵法锁,张伯友,卢全中,等. 某工程边坡软岩三轴试验研究[J]. 辽宁工程技术大学学报,2001,20(4): 478-480.

[81] 赵法锁,张伯友,彭建兵,等. 仁义河特大桥南桥台边坡软岩流变性研究[J]. 岩石力学与工程学报,2002,21(10): 1527-1532.

[82] 刘绘新,张鹏,盖峰. 四川地区盐岩蠕变规律研究[J]. 岩石力学与工程学报,2002,21(9): 1290-1294.

[83] 陈渠,西田和范,岩本健,等.沉积软岩的三轴蠕变实验研究及分析评价[J].岩石力学与工程学报,2003,22(6):905-912.
[84] 万玲.岩石类材料粘弹塑性损伤本构模型及其应用[D].重庆:重庆大学,2004.
[85] 张向东,李永靖,张树光,等.软岩蠕变理论及其工程应用[J].岩石力学与工程学报,2004,23(10):1635-1639.
[86] 刘建聪,杨春和,李晓红,等.万开高速公路穿越煤系地层的隧道围岩蠕变特性的试验研究[J].岩石力学与工程学报,2004,23(22):3794-3798.
[87] 朱珍德,张勇,徐卫压,等.高围压高水压条件下大理岩断口微观机理分析与试验研究[J].岩石力学与工程学报,2005,24(1):1605-1609.
[88] 徐卫亚,杨圣奇,杨松林,等.绿片岩三轴流变力学特性的研究(I):试验结果[J].岩土力学,2005,26(4):531-537.
[89] 冒海军,杨春和,刘江,等.板岩蠕变特性试验研究与模拟分析[J].岩石力学与工程学报,2006,25(6):1204-1209.
[90] 范庆忠,李术才,高延法.软岩三轴蠕变特性的试验研究[J].岩石力学与工程学报,2007,26(7):1381-1385.
[91] 韩冰,王芝银,郝庆泽.某地区花岗岩三轴蠕变试验及其损伤分岔特性研究[J].岩石力学与工程学报,2007,26(S2):4123-4129.
[92] 王志俭,殷坤龙,简文星,等.三峡库区万州红层砂岩流变特性试验研究[J].岩石力学与工程学报,2008,27(4):840-847.
[93] 赵宝云.深部岩体的蠕变损伤特性研究[D].成都:西华大学,2008.
[94] Curran J H Crawford A M. A comparative study of creep in rock and its discontinuities[J]. Proc. of the 21st U. S. National Rock Mechanics Symposium, Rolla, Missouri, 1980: 596-603.
[95] Bowden R K. Time-dependent behaviour of joints in shale, M. A. Sc[D]. Thesis, University of Toronto, Ontario, 1984.
[96] 刘家应.黄崖不稳定边坡的蠕变特征[J].岩石力学,1982,8:1-8.
[97] 黎克日,康文法.岩体中泥化夹层的流变试验及其长期强度的确定[J].岩土力学,1983,4(1):39-46.
[98] 许东俊,罗鸿禧.葛洲坝工程基岩稳定性的试验研究[J].岩土力学,1983,4(1):1-15.
[99] 雷承弟.二滩水电站枢纽区岩体蠕变试验[J].水电工程研究,1989:1-11.
[100] 陈沅江,吴超,潘长良.一种软岩结构面流变的新力学模型[J].矿山压力与顶板管理,2005,8:43-45.
[101] 林伟平.葛洲坝基岩202号泥化夹层强度选取的探讨[M].//工程岩石力学.武汉:武汉工业大学出版社,1998,19-23.

[102] 侯宏江,沈明荣.岩体结构面流变特性及长期强度的试验研究[J].岩土工程技术,2003,(6):324-326.

[103] 丁秀丽,刘建,刘雄贞.三峡船闸区硬性结构面蠕变特性试验研究明[J].长江科学院院报,2000,17(4):30-33.

[104] 沈明荣,朱根桥.规则齿形结构面的蠕变特性试验研究[J].岩石力学与工程学报,2004,23(2):223-226.

[105] 焦春茂.岩体工程流变反馈分析研究[D].上海:同济大学,2008.

[106] Xu Ping, Yang Tingqing. A study of the creep of granite[C]//Proc. Of IMMM'95. Bejing: International Academic Publishers, 1995: 245-249.

[107] 吴立新,王金庄.煤岩流变特性及其微观影响特征初探[J].岩石力学与工程学报,1996,15(4):328-332.

[108] 金丰年.岩石的非线性流变[M].南京:河海大学出版社,1998.

[109] 尤明庆.对"岩石非线性粘弹塑性流变模型(河海模型)及其应用"的讨论[J].岩石力学与工程学报,2007,26(3):637-640.

[110] 余启华.岩石的流变破坏过程及有限元分析[J].水利学报,1985,26(1):55-61.

[111] Boukharov G N, Chanda M W. The three processes of brittle crystalline rock creep[J]. Int. J. Rock Mech. & Min. Sci., 1995, 32(4): 325-335.

[112] 邓荣贵,周德培,张倬元,等.一种新的岩石流变模型[J].岩石力学与工程学报,2001,20(6):780-784.

[113] 曹树刚,边金,李鹏.岩石蠕变本构关系及其改进的西原正夫模型[J].岩石力学与工程学报,2002,21(5):632-634.

[114] 曹树刚,边金,李鹏.软岩蠕变试验与理论模型分析的对比[J].重庆大学学报,2002,25(7):96-98.

[115] 边金.可描述加速蠕变的流变力学组合模型和煤岩的蠕变试验研究[D].重庆:重庆大学,2002.

[116] 韦立德,徐卫亚,朱珍德,等.岩石粘弹塑性模型的研究[J].岩土力学,2002,23(5):583-586.

[117] 韦立德.岩石力学损伤和流变本构模型研究[D].南京:河海大学,2003.

[118] 陈沅江,潘长良,曹平,等.软岩流变的一种新力学模型[J].岩土力学,2003,24(2):209-214.

[119] 陈沅江,潘长良,曹平,等.一种软岩流变模型[J].中南大学学报(自然科学版),2003,34(1):16-20.

[120] 王来贵,何峰,刘向峰.岩石试件非线性蠕变模型及其稳定性分析[J].岩石力学与工程学报,2004,23(10):1640-1642.

[121] 何峰.岩石结构的蠕变稳定性理论研究[D].阜新:辽宁工程技术大学,2005.

[122] 徐卫亚，杨圣奇，谢守益，等．绿片岩三轴流变力学特性的研究（Ⅱ）：模型分析[J]．岩土力学，2005，26(5)：693－698.

[123] 徐卫亚，杨圣奇，诸卫江．岩石非线性粘弹塑性流变模型（河海模型）及其应用[J]．岩石力学与工程学报，2006，25(3)：433－447.

[124] 宋飞，赵法锁，卢全中．石膏角砾岩流变特性及流变模型研究[J]．岩石力学与工程学报，2005，24(15)：2569－2664.

[125] 宋飞．石膏角砾岩非线性流变模型研究及有限元分析[D]．西安：长安大学，2006.

[126] 周家文，徐卫亚，杨圣奇．改进的广义 Bingham 岩石蠕变模型[J]．水利学报，37(7)：827－830.

[127] 张贵科，徐卫亚．适用于节理岩体德新型黏弹塑性模型研究[J]．岩石力学与工程学报，2006，25(增 1)：2894－2901.

[128] 陈晓斌，张家生，封志鹏．红砂岩粗粒土流变工程特性试验研究[J]．岩石力学与工程学报，2007，26(3)：601－607.

[129] 陈晓斌．高速公路粗粒土路堤填料流变性质研究[D]．长沙：中南大学，2007.

[130] 王琛，彭越．一个岩土非线性粘弹脆性元件模型[J]．四川大学学报（工程科学版），2007，29(Supp)：172－175.

[131] 杨圣奇，倪红梅，于世海．一种岩石非线性流变模型[J]．河海大学学报（自然科学版），2007，35(4)：388－392.

[132] 宋德彰．岩质材料非线性流变属性及其对隧洞围岩——支护系统的力学效应[D]．上海：同济大学，1989.

[133] 宋德彰，孙钧．岩质材料非线性流变属性及其力学模型[J]．同济大学学报，1991.

[134] 黄书岭．高应力下脆性岩石的力学模型与工程应用研究[D]．武汉：中国科学院武汉岩土力学研究所，2008.

[135] 蒋昱州，张明鸣，李良权．岩石非线性黏弹塑性蠕变模型研究及其参数识别[J]．岩石力学与工程学报，2008，27(4)：832－839.

[136] 罗润林，阮怀宁，朱昌星．基于塑性强化和粘性弱化的岩石蠕变模型[J]．西南交通大学学报，2008，43(3)：346－351.

[137] Sterpi D, Gioda G. Visco-Plastic behaviour around advancing tunnels in squeezing rock[J]. Rock Mechanics and Rock Engineering, 2007, 23(3): 292－299.

[138] 陈炳瑞．岩石工程长期稳定性智能反馈分析方法及应用研究[D]．沈阳：东北大学，2006.

[139] 陈国庆，冯夏庭，周辉等．锦屏二级水电站引水隧洞长期稳定性数值分析[J]．岩土力学，2007，28(Supp)：417－422.

[140] Hajiabdolmajid V R. Mobilization of strength in brittle failure of rock [D]. Queen's University, Kingston, Canada, 2001.

[141] Hajiabdolmajid V R, Kaiser P K, Martin C D. Modelling brittle failure of rock[J]. International Journal of Rock Mechanics and Mining Science, 2002, 39(6): 731-741.

[142] 李栋伟,汪仁和,赵颜辉,等. 抛物线型屈服面人工冻土蠕变本构模型研究[J]. 岩土力学,2007,28(9): 1943-1948.

[143] 罗润林,阮怀宁,孙运强,等. 一种非定常参数的岩石蠕变本构模型[J]. 桂林工学院,2007,27(2): 200-203.

[144] 秦玉春. 长大深埋隧洞围岩非定常剪切蠕变模型初探[D]. 南京: 河海大学,2007.

[145] 朱明礼,朱珍德,李志敬等. 深埋长大隧洞围岩非定常剪切流变模型初探[J]. 岩石力学与工程学,2008,27(7): 1436-1441.

[146] 郑永来,周澄,夏颂佑. 岩土材料粘弹性连续损伤本构模型探讨[J]. 河海大学学报,1997,25(2): 114-116.

[147] 王乐华,李建林,杨学堂,等. 岩体弹塑粘损伤力学模型及其工程应用[J]. 岩石力学与工程学报,2005,24(1): 4774-4778.

[148] 徐卫亚,周家文,杨圣奇,等. 绿片岩蠕变损伤本构关系研究[J]. 岩石力学与工程学报,2006,25(1): 3093-3097.

[149] 范庆忠,高延法,崔希海,等. 软岩非线性蠕变模型研究[J]. 岩土工程学报,2007,29(4): 505-509.

[150] 范庆忠,高延法. 软岩蠕变特性及非线性模型研究[J]. 岩石力学与工程学报,2007,26(2): 391-396.

[151] 王者超. 盐岩非线性蠕变损伤本构模型研究[D]. 武汉: 中国科学院武汉岩土力学研究.

[152] 陈卫忠,王者超,伍国军,等. 盐岩非线性蠕变损伤本构模型及其工程应用[J]. 岩石力学与工程学报,2007,26(3): 467-472.

[153] 朱昌星,阮怀宁,朱珍德,等. 岩石非线性蠕变损伤模型的研究[J]. 岩土工程学报,2008,30(10): 1510-1513.

[154] 朱昌星. 岩石非线性蠕变损伤流变模型研究与工程应用[D]. 南京: 河海大学,2008.

[155] 陈智纯,缪协兴,茅献彪. 岩石流变损伤演化方程与损伤参量测定[J]. 煤炭科学技术,1994,22(8): 34-36.

[156] 缪协兴,陈至达. 岩石材料的一种蠕变损方程[J]. 固体力学学报,1995,16(4): 343-346.

[157] 杨延毅. 裂隙岩体非线性流变性态与裂隙损伤扩展过程关系研究[J]. 工程力学,1994,11(2): 81-90.

[158] 凌建明. 岩体蠕变裂纹起裂与扩展的损伤力学分析方法[J]. 同济大学学报,1995,23(2): 141-146.

[159] 陈卫忠,朱维申,李术才. 节理岩体断裂损伤耦合的流变模型及其应用[J]. 水利学报,1999,12: 33 - 37.

[160] 消洪天,周维垣,杨若琼. 三峡永久船闸高边坡流变损伤稳定性分析[J]. 土木工程学报,1999,18(5): 497 - 502.

[161] 秦跃平,王林,孙文标,等. 岩石损伤流变理论模型研究[J]. 岩石力学与工程学报,2002,21(增): 2291 - 2295.

[162] Valanis K C. A theory of viscoplasticity without a yield surface[J]. Archives of Mechanics, 1971, 23(5): 517 - 551.

[163] 陈沅江,潘长良,曹平等. 基于内时理论的软岩流变本构模型[J]. 中国有色金属学报,2003,13(3): 735 - 742.

[164] 张为民. 一种采用分数阶导数的新流变模型理论[J]. 湘潭大学自然科学版学报,2001,23(1): 30 - 36.

[165] 刘朝辉,张为民. 含分数阶导数的粘弹性固体模型及其应用[J]. 株洲工学院学报,2002,16(4): 23 - 25.

[166] 殷德顺,任俊娟,何成亮. 一种新的岩土流变元件[J]. 岩石力学与工程学报,2007,26(9): 1899 - 1903.

[167] 黄学玉,闫启发,刘林超. 分数导数型圆形隧道粘弹性围岩的应变位移分析[J]. 信阳师范学院学报(自然科学版),2007,20(2): 162 - 166.

[168] Sangha C M, Dhir R K. Strength and complete stress-strain relationships for concrete tested in uniaxial compression under different test conditions[J]. Materials and Structures, 1972, 5(6): 361 - 370.

[169] Potts E L. An investigation into the design of room and pillar workings[J]. Mining Engineer, 1964, 49: 27 - 47.

[170] Bieniawski Z T. Mechanism of brittle fracture of rock: part i — theory of the fracture process[J]. International Journal of Rock Mechanics and Mining Sciences & Geomechanics Abstracts, 1967, 4(4): 395 - 404, N11 - N12, 405 - 406.

[171] Bieniawski Z T. Stability concept of brittle fracture propagation in rock[J]. Engineering Geology, 1967, 2(3): 149 - 162.

[172] Pushkarev V I, Afanasev B G. A rapid method of determining the long-term strengths of weak rocks[J]. Journal of Mining Science, 1973, 9(5): 558 - 560.

[173] Wawersik W R. Technique and apparatus for strain measurements on rock in constant confining pressure experiments[J]. International Journal of Rock Mechanics and Mining Sciences & Geomechanics Abstracts, 1976, 13(2): 231 - 241.

[174] Munday J G L, Mohamed A E, Dhir R K. A criterion for predicting the long-term strength of rock[J]. Conference "Rock Engineering" University of Newcastle-upon-

Tyne. 1977：127－135.

[175] Lajtai E Z. Time-dependent behaviour of the rock mass[J]. Geotechnical and Geological Engineering，1991，9(2)：109－124.

[176] 刘晶辉，王山长，杨洪海. 软弱夹层流变试验长期强度确定方法[J]. 勘察科学技术. 1996(5)：3－7.

[177] 刘沐宇，徐长佑. 硬石膏的流变特性及其长期强度的确定[J]. 中国矿业，2000(2)：58－60.

[178] Szczepanik Z，Milne D，Kostakis K，et al. Long term laboratory strength tests in hard rock[J]. Technology Roadmap For Rock Mechanics. 2003：1179－1184.

[179] 夏才初，孙宗颀. 工程岩体节理力学[M]. 上海：同济大学出版社，2002.

[180] Sun Zongqi. Fracture Mechanics and Tribology of Rocks and Rocks Joints[D]. Lulea University of Technology，1983.

[181] 孙宗颀. 不连续面应力变形性质研究[J]. 岩石力学与工程学报，1978，6(4)：287－300.

[182] 刘雄. 岩石流变学概论[M]. 北京：地质出版社，1994.

后 记

光阴似箭，岁月如梭，转眼二十年的学生生涯即将结束，心中思绪万千。回顾过去二十年，有太多的人给予了我关心和帮助，对他们的感激之情远远不是这张薄薄的纸片所能表达，即将踏入社会，有着些许兴奋，有着些许离愁！

首先，要感谢我的导师沈明荣教授，正是在沈老师的悉心指导下，本文才能顺利完成，我的学生生涯才得以画上圆满的句号。从选题、研究思路、技术路线到具体开展试验研究工作和本文撰写的每一个细节无不倾注了导师的心血。五年的研究生生活，沈老师渊博的学识、敏捷的思维以及高尚的人格魅力深深地感染着学生，学生虽不能尽数吸收，但却足以受益终生，研究生的五年时间里，沈老师不仅在学业上给予我精心的指导，同时还在思想、生活上给了我很多的关怀，在此谨向导师表达深深的谢意和崇高的敬意。

感谢教研室的石振明老师和陈建峰老师，在研究生期间给予我学习和生活上的帮助。感谢石老师和陈老师在专业上的指导，感谢陈老师在本文写作和数值计算中给予的指导和帮助，不仅如此，在读书期间，从石老师和陈老师身上学到了许多做人做事的道理，这使我受益终生。

感谢硕士和博士期间的同窗好友俞松波，感谢在本文写作过程中你给予的帮助和指导，感谢熊良宵博士在试验过程以及数值计算过程中给予的帮助。感谢教研室各位师兄师弟，他(她)们是：张学进、赵程、吕运、王晓雪、黄飘、郭代培、黄伟、陈时栩、王洪江、张菊连、叶铁峰、张龙波、周睿、顾建伟等，是你们伴随我度过了五年的研究生时光，愿大家在各自的人生道路上能够一帆风顺！

感谢同济大学的各位老师在学习期间给予的指导和关怀，感谢 2001 级地质工程专业的兄弟姐妹们，感谢高中和初中学习生涯中所有关心和帮助过我的老师和同学们，感谢读书期间所有的朋友和同学，正是你们陪我度过了愉快并充实的每一天生活，愿大家在以后的生活中一切顺利！

在即将告别学生生涯之际，特别要感谢我的父母，二老含辛茹苦把儿子抚养长大，同时，还要感谢所有关心和帮助过我的亲戚朋友及家乡父老，愿你们都健健康康，生活美满！感谢我的爱人陈莹女士对我不断的鼓励和支持，人生路上有你的陪伴，生活将更加丰富多彩！

有太多帮助过我的人需要感谢，在这里虽然不能尽数列出，但大家的恩情我会牢牢记在心里，最后向所有关心我和我关心的朋友们致以最诚挚的敬意！

张清照